科技引领下
生态宜居城市建设实践
——中新天津生态城科技成果应用汇编

主编　单泽峰　王国良

中国建筑工业出版社

图书在版编目（CIP）数据

科技引领下生态宜居城市建设实践——中新天津生态城科技成果应用汇编／单泽峰，王国良主编．—北京：中国建筑工业出版社，2018.9

ISBN 978-7-112-22690-0

Ⅰ．①科… Ⅱ．①单… ②王… Ⅲ．①生态城市−城市建设−科技成果−汇编−天津 Ⅳ.①X321.221

中国版本图书馆CIP数据核字（2018）第210203号

责任编辑：费海玲 张幼平
责任校对：焦 乐

科技引领下生态宜居城市建设实践
——中新天津生态城科技成果应用汇编
主编 单泽峰 王国良

*

中国建筑工业出版社出版、发行（北京海淀三里河路9号）
各地新华书店、建筑书店经销
北京方舟正佳图文设计有限公司制版
北京富诚彩色印刷有限公司印刷

*

开本：787×1092毫米 1／16 印张：8½ 字数：131千字
2018年9月第一版 2018年9月第一次印刷
定价：**98.00**元
ISBN 978-7-112-22690-0
（32806）

科技引领下生态宜居城市建设实践
——中新天津生态城科技成果应用汇编

主编：单泽峰　王国良

副主编：靳美珠

参编：刘振江　黄永浩　周海珠　杨彩霞　李晓萍　王聿阳

　　　田　冼　刘　轶　苗　楠　熊彦锋　李以通　孙雅辉

　　　张　暄　魏　兴　韩明勇

编制单位：中国建筑科学研究院天津分院

汇编供稿单位：中新天津生态城管委会办公室

　　　　　　　中新天津生态城建设局

　　　　　　　中新天津生态城环境局（科技局）

　　　　　　　中新天津生态城经济局

　　　　　　　中新天津生态城城市管理局

　　　　　　　中新天津生态城安全生产监督管理局

　　　　　　　天津生态城投资开发有限公司

　　　　　　　中新天津生态城投资开发有限公司

　　　　　　　天津生态城能源投资建设有限公司

　　　　　　　天津生态城市政景观有限公司

　　　　　　　天津生态城建设投资有限公司

　　　　　　　天津生态城公屋建设有限公司

　　　　　　　天津生态城环保有限公司

　　　　　　　天津生态城水务投资建设有限公司

　　　　　　　天津生态城绿色交通有限公司

　　　　　　　天津滨海旅游区基础设施建设有限公司

　　　　　　　天津生态城绿色建筑研究院有限公司

　　　　　　　北科泰达投资发展有限公司

　　　　　　　中福天河智慧养老产业运营管理（天津）有限公司

　　　　　　　华慧通达（天津）科技有限责任公司

　　　　　　　天津傲飞物联科技有限公司

前　言

中新天津生态城（以下简称"生态城"）是中国、新加坡两国政府间的重大合作项目，也是世界上首个国家间合作开发建设的生态城市。2007年11月18日，两国政府签署框架协议，生态城项目落户天津滨海新区。2008年9月28日，生态城开工奠基。

建设生态文明是中华民族永续发展的千年大计。2013年5月14日，中共中央总书记、国家主席、中央军委主席习近平到生态城考察时指出：生态城要兼顾好先进性、高端化和能复制、可推广两个方面，在体现人与人、人与经济活动、人与环境和谐共存等方面做出有说服力的回答，为建设资源节约型、环境友好型社会提供示范。这一重要指示为生态城的发展指明了方向。

生态城是一个在非常恶劣的自然条件下选址建设的新城。在这片30km²的土地上，废弃盐田、盐碱荒地和污染水面各占三分之一，土壤盐渍化，水质性缺水，没有耕地。这一情况符合两国政府确定的选址原则，有助于破解中国快速城镇化过程中产生的"人地矛盾"问题，充分体现了资源约束条件下建设生态城的示范意义。生态城从诞生的那一天起，就承载着两国政府赋予的探索生态文明建设新路的历史使命。生态城发展的每一步，必须与世界的发展同频共振，必须与党中央、国务院的期望要求高度契合，必须始终坚持创新驱动，下大力气推进生态修复和环境建设，全面推进科技创新、规划建设模式创新、体制机制创新，努力实现"三和三能"的建设目标，即人与人、人与经济活动、人与环境和谐共存，能实行、能复制、能推广，成为其他城市可持续发展的样板。

2008年规划建设之初，生态城充分借鉴新加坡等先进国家和地区的成功经验，结合选址区域实际，制定了世界上第一套生态城的指标体系。这套指标体系对生态城的建设目标进行了量化分解，并成为指导和评价生态城规划建设管理的科学标准和依据。指标体系分为生态环境健康、社会和谐进步、经济蓬勃高效和区域协调融合四个部分，共 22 项控制性指标和 4 项引导性指标。其中，率先在全国提出了 100% 绿色建筑的目标，这个目标在当时具有很强的先进性和前瞻性。同时，作为全球首个在资源约束条件下建设的生态城市，生态城制定了单位 GDP 碳排放强度 150t/ 百万美元、可再生能源使用率 ≥ 20%、垃圾回收利用率 60% 的指标。

为了更好地保障指标体系落实，生态城积极申报国家科技支撑计划，集中开展了中新科技合作攻关，实施生态环保行动计划，累计推动科研课题 40 余项，有针对性地开展关键技术研究，形成了污水库环境治理与生态重建关键技术、新型水环境系统关键技术、环境治理与生态修复综合治理、中重度盐碱地绿化技术、绿色建筑群建设关键技术等一批科技成果，并将其在实际项目中进行示范应用，取得了非常好的经济效益、社会效益和环境效益。

本书对生态城自 2008 年开工建设以来在科技创新与生态技术应用方面的探索实践进行了详细介绍，需要说明的是，在 2013 年年底，滨海新区实施行政管理体制改革，滨海旅游区和中心渔港两个功能区纳入生态城管理范围内，区域面积扩大为 150km²，科技创新与生态技术在区域内已经开展推广、复制，主要涉及生态修复、绿色建筑、绿色能源、海绵城市、智慧城市、绿色交通等多个领域。绿色、环保、生态技术的研究与科技成果的应用，为实现生态城指标体系确定的各项建设目标奠定了坚实基础，打造了宜居宜业的生态环境，基本实现了土地、能源、水资源的集约节约利用，有效带动了绿色产业发展，提升了生态城的国内外形象和影响力，一座"资源节约、环境友好、经济蓬勃、社会和谐"的生态新城已经屹立在渤海之滨。

目 录

第一篇　生态修复

生态城选址内的汉沽污水库占地约为总面积的十分之一，过去长时期接纳、蓄积周边区域排放的工业废水和生活废水，造成湖底重金属和农药类污染物沉积，水质严重恶化至劣 V 类，底栖水生生物难以存活，水生态系统快速退化，生态效应为负值；营城水库及其两岸、蓟运河及其河岸带的自然湿地生态系统河堤土壤含盐量呈现逐渐递增趋势，周边存在盐生草甸生态系统，生物多样性较低，生态系统服务功能较差，这一环境现状严重影响到生态城的开发建设。为此，改善区内生态环境质量，修复因污染造成的生态退化，构建高质量的生态环境，成为生态城开发建设过程中必须解决的问题。

为了准确掌握区域内的环境本底信息，更好地为后续水环境污染治理、生态修复及生态系统的构建技术和工程的顺利实施提供准确的数据支持和决策依据，在项目建设初期，生态城组织科研单位对区域自然环境及生物多样性进行了一次全面的本底调查，为后续工作提供了参考资料和依据。随后，生态城结合国家水污染防治"十二五"战略与政策，开展了多项有关污水库环境治理和盐碱地土壤改良及绿化的专项研究，为改善生态环境创造了条件。此外，生态城还积极开展了生活垃圾的分类回收、无害化处理及利用的研究和实践，取得了丰硕的成果。

1.1 污水库治理技术应用

1.1.1 应用背景

在生态城的规划区域内,有1个始建于1974年、占地2.56km² 的污水库,为重度污染湖库。污水库底泥受到重金属、难降解有机物、氮磷等复合污染,生态系统遭到深度破坏和严重退化,已成为影响生态城区域环境安全和人体健康的重要污染源。其治理与修复成为生态城建设中必须解决的重大问题。生态城在建设之初,把污染治理作为生态建设的重中之重,结合国家"十一五""十二五"重大专项和科技支撑项目研究,组织开展了"生态城污水库环境治理与生态重建关键技术研究及示范""生态城新型水环境系统构建与实施保障关键技术研究与示范"等课题研究。对项目区域的地表水环境进行采样分析,污水库的污染主要为氯碱工业等化工区的工业废水,主要污染物指标均超过了天津市和国家的污水排放标准,可生化性极差,处理难度大。为此,生态城积极开发了重污染湖库环境治理与生态重建的成套关键技术,并在污水库治理上积极应用,取得了良好的环境效益、经济效益和社会效益。

1.1.2 技术简介

生态城污水库环境治理与生态重建成套关键技术主要包括以下内容:

一是湖库重污染底泥治理的环保疏浚—土工管袋脱水减容—固化稳定化处理成套技术。其中,重度污染底泥在临时场地处理后,送到区外安全处置(烧制陶粒资源化利用、焚烧);中度污染底泥直接在静湖山造岛区域填埋做基础;轻度污染底泥在采用原位固化稳定化工艺进行处理后,作为路基资源化处置。具体技术路线如图 1.1 与图 1.2。

二是重污染湖库高含盐难降解底泥沥出液处理关键技术。污染底泥在减容脱水和造岛填埋过程中,产生大量沥出液,这部分污水具有含盐量高、

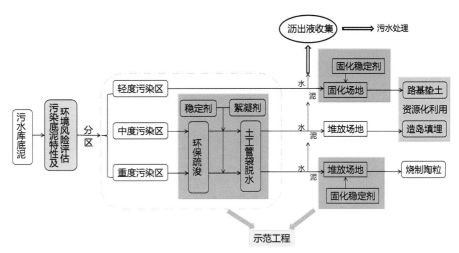

图 1.1　重污染湖库底泥处置工艺路线

图 1.2　土工管袋脱水减容

降解性差的特点。生态城污水库项目采用了以"臭氧—两级水解酸化"为核心的清淤减容沥出液预处理技术，开发了以"复合铁炭内电解—混凝沉淀—浸没式管式膜 MBR"为核心的高效分散处理成套技术，优化了浸没式管式膜 MBR 系统的运行参数、管式膜组件污染特征与控制途径以及有效的膜清洗方式（图 1.3、图 1.4）。

三是高盐背景下半人工调控生态系统的快速重建和管理技术。结合污水库周边规划，利用无污染下层土挖方筑岛，形成了五指岛、北岛、南岛近 1.5km^2 的土地资源。在重建生态系统的基础上，采用科学方法对生态系统加以管理，不断优化生态系统的结构和功能，实现生态系统的可持续。

图 1.3　污水库治理

图 1.4　污水库治理前与治理后对比

1.1.3 应用情况

生态城建设之初，污水库受污染的废水总量为 215 万 m³，呈现高含盐、难降解、低碳氮比等特点；受污染的底泥总量为 385 万 m³，呈现以汞、镉、砷和铜等为主要污染特征的重金属污染，部分底泥受到六六六（六氯化苯）和滴滴涕（DDT）等农药的污染。其在污染严重程度和治理规模上均属国内外罕见，无可供直接借鉴的治理技术和经验。

基于项目原始条件，2008 年始，生态城在重污染湖库环境治理与生态重建的成套关键技术方面进行了系统研究并取得了重大突破，并将自主研发的成套技术成功应用于污水库治理项目中，实现了污水库治理的"减量化、稳定化、无害化、资源化"，保障了生态城的环境安全和生态健康。项目历时近 4 年，投资 6.6 亿元，对水体及底泥进行了处理，深挖河道、堆山造岛；处理污水 215 万 m^3，治理污染物 CODCr（重铬酸盐指数）1500t、氨氮 200t、总氮 200t、石油类 65t，处理污泥 385 万 m^3；彻底解决了污水库对周围环境的不良影响，将周边环境改造为风景优美的静湖。

1.1.4 应用效果

该技术在生态城污水库治理项目应用中取得了良好的经济效益、社会效益和环境效益。环境监测结果显示，静湖主要水质指标达到地表水四类水质标准。新技术应用降低治理工程成本近 9 亿元；底泥填埋造岛后，开发了五指岛、北岛和南岛等近 1.5 km^2 的土地资源，可实现出让土地经济收益 35 亿元；通过生态修复与重建营造出良好的自然生态环境，改善了生态城及周边地区的投资环境和人居环境，可实现新增投资项目额度 150 亿元；根治了历史遗留环境问题，生态城的生态环境得到彻底修复。

经过 4 年的时间，生态城集成研发出具有自主知识产权、符合我国重污染湖库环境治理与生态重建的实际需求的成套关键技术体系，并成功应用于污水库的治理，保障了生态城的环境安全和生态健康。该技术研发及示范项目被列为科技部和天津市的合作项目，获得重点支持，其研发成果和治理效果受到中、新两国政府高度重视，中央电视台新闻联播头条节目曾给予专题报道。项目研究获发明专利 23 项，制定天津市地方标准 1 项，发表科技论文 28 篇，出版著作 1 部，顺利通过国家科技支撑计划项目验收，经鉴定处于国际领先水平，并获得 2013 年度天津市科技进步一等奖。同时，项目实施过程中承担单位获批成立了天津市污染场地治理修复技术工程中心、污染场地修复产业技术创新战略国际联盟、天津市专利试点单位（创造类）、博士后科研工作站，以及具有实验室计量认证（CMA）资质的专业实验室。

1.1.5 应用前景

重污染湖库环境治理与生态重建的成套关键技术体系已成功应用于生态城污水库治理、天津临港大沽排污河综合整治、山东沂水县沂河重金属污染底泥治理、湖南株洲清水塘底泥治理等工程项目。未来该技术将在全国其他地区的污染湖库治理、污染场地治理及修复工程，特别是雄安新区白洋淀等污染水体治理中发挥更大的作用，为我国城市重污染湖库治理提供典范与技术支持，推动相关环保产业的快速发展。

1.2 多水源净化处理与优化调配技术在生态城水系构建中的应用

1.2.1 应用背景

天津属北方缺水地区，人均水资源仅为全国的 1/15，水资源短缺已影响到城市的发展。天津再生水利用率较低，绿化、冲厕、洗车等非生活用水仍然大量使用自来水，再生水配套的供水设施不足，是制约污水再生利用的重要原因。生态城所处区域由于上游来水不足、蒸发强烈等水文、气候原因，区内水体富营养化，呈劣 V 类，属于典型的水质性缺水地区。

为保证生态城用水安全，保护水环境，需要开发利用非传统水资源，采用先进技术和管理措施，做好水资源调配，实现水资源高效、循环利用。

1）污水处理技术方面，移动床生物膜工艺（MBBR）可以在相同水量、水质条件时，不用新建构筑物，进一步降低生化池大部分指标的浓度。由于 MBBR 可减少现有污水处理系统的体积，易于在现有污水处理厂基础上升级，且处理效果好，欧洲、美国、日本、新西兰以及我国均建有 MBBR 型污水处理厂。反渗透（RO）技术对污水进行深度处理，是一种十分有效的膜分离单元操作，在除盐的同时，还可除去水中的微粒、有机物质、胶体物质，进一步提升水质。

2）雨水处理技术方面，主要有物化法、生物及生化法、自然生态法。现在国内外使用的物化法有混凝沉淀法、气浮法、电凝法等；生物及生化工艺有生物接触氧化法、膜生物反应器（MBR）、生物滤沟法、生物曝气滤池等；自然生态工艺主要有生物滞留、渗渠、渗井、植被浅沟、雨水花园、植被缓冲带和生态净化堤岸等。这些方法各有特点及优势，雨水处理可以共同使用基于物化法、生物及生化、自然生态工艺的水处理技术和设施。

3）多水源调配方面，传统的水资源管理对象以水量或水质为主，只考虑水量分配或污染负荷控制，缺乏对水量和水质的统一考虑。水资源优化配置模型开始向多目标、多层次、多用户交互式模式发展，更加注重社会、经济、资源、环境的协调发展。针对水资源量与质统一管理的问题开展研究，其多应用于水库、天然湖泊、河流、流域等，水资源利用效率可以提高 10% ~ 30%。但由于城市水环境系统功能较河流、水库、湖泊更为复杂，存在多水源水质差异等原因，无法直接应用于城市水环境系统优化调度。

1.2.2 技术简介

生态城采取的污水再生利用及多水源调配技术集成了污水处理、再生水生产和城市多水源调配利用技术。

1）MBBR 污水处理技术：该技术的核心设备是悬浮填料，可为微生物生长繁殖提供有利的场所。悬浮填料在好氧曝气或者缺氧搅拌的动力带动下均匀流化，在流化过程中实现基质的降解和生物活性的筛选，是一种新型高效污水处理技术。MBBR 的处理效率高，抗冲击负荷能力强、能耗低，可节约土地资源。

2）RO 技术：通过反渗透去除有机物的机理，基本能够去除无机物和分子量在 200 以上的有机物。

3）多水源优化调配技术：该技术通过整合生态城现有水资源，以"污水再生、雨水收集、中水回用、海水淡化"为主体，综合考虑各用水户水质需求与用水量季节变化，对供需水进行类型匹配，提出水资源分配方案，并针对各月需水量变化，实现分质用水，建立以自来水与各种非传统水资源共同构成的供水系统，实现多水源综合调度、动态调配，保证供水安全，提高水体的生态服务能力，改善城市水环境质量。

1.2.3 应用情况

1）MBBR 技术：生态城营城污水处理厂日处理 10 万 t 污水，其升级改造工程中，生化池由原 AAO 工艺（原氧化沟改良）改为改良 bardenpho 五段池型，即"厌氧段—缺氧段 1—好氧段 1—缺氧段 2—好氧段 2"，在好氧段 1 中使用 MBBR 工艺（图 1.5）。

2）超滤—反渗透技术：生态城水处理中心再生水厂采用浸没式超滤—反渗透工艺双膜法，产水能力为 2.1 万 t/d，供应绿化景观、道路清扫、车辆冲洗及冲厕使用。双膜法工艺与前置预处理系统配套使用，经超滤处理后，产水浊度小于 1 NTU，出水水质稳定，可大大降低反渗透膜的受污染程度；RO 可以有效去除水中固体溶解物、有机物、胶体、微生物以及细菌等杂质，保证出水水质（图 1.6、图 1.7）。

3）多水源优化调配技术：对静湖和故道河水体的补水水源进行水质水量分析，统筹水资源供应量、水资源月度变化及价格、水资源水质情况、水流速度对藻类暴发（水华）的控制效果等基本因素，并结合当年实际降水、地表水水位和水质等动态变量，提出生态城水环境系统补水点位布设、补水水质要求、旁路循环净化设施规模及局部水动力优化方案，确定每年各月的补水水量、补水来源（一级 A 出水、雨水、过境水、再生水、海水淡化水）、补水水量分配方案（图 1.8）。

（1）确定生态城各种用水户的需求水量与水质。生态城用水需求，根据用地性质可分为居民生活用水、公建用水、产业用水、绿化用水、施工用水、混合用地用水、生态用水及未预见用水量。生态用水量包括水体蒸发及渗透补水量，以及维持水体循环的用水量，2020 年将达到 5 万 m^3/d，占总用水量的三分之一。建设阶段施工用水所占比例较大，建成后各类绿地的绿化用水也将成为主要用水部门。绿化用水有明显的季节性特征，并受降水量影响，需根据实际情况动态调整（图 1.9）。

图 1.5 营城污水处理厂氧化沟外景（氧化沟顶部加盖太阳能光伏发电板）

图 1.7 生态城水处理中心反渗透处理设备

图 1.6 生态城水处理中心再生水厂外景

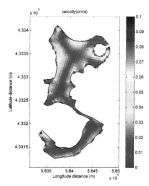

图 1.8 静湖及故道河水流速示意图

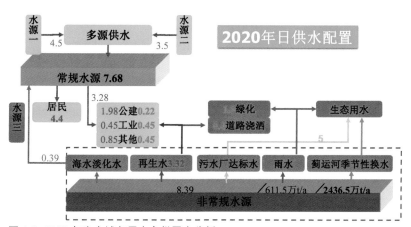

图 1.9 2020 年生态城各用水户供需水分析

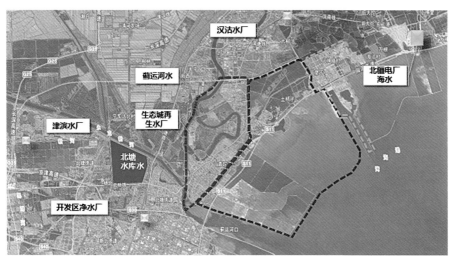

图 1.10 生态城水资源分布情况

（2）确定生态城的供水能力，包括供水水量与水质。生态城供水水源包括外来的自来水以及各种非传统水资源，非传统水源包括营城污水处理厂的一级 A 出水、蓟运河水、反渗透（RO）再生水、雨水及海水淡化水。按照生态城指标体系的要求，到 2020 年，非传统水资源供水量应占总供水量的 50% 以上（图 1.10）。

1.2.4 应用效果

1）MBBR 工艺能够很好地适应生态城高盐的污水水质，目前，营城污水处理厂已实现稳定运行，出水水质达到天津市新地标 A 标准，有效保护了受纳水体水质，体现了生态城人与自然和谐共存的设计理念。

2）再生水处理项目提高了生态城非传统水源的利用率，到 2020 年可实现非传统水源利用率 ≥ 50%，为生态城水系统改善提供了保障。项目竣工以来运行平稳，日产水量 2.1 万 m^3/d，远期产水量 4.2 万 m^3/d；产出再生水符合《城市杂用水水质标准》GB/T 18920-2002 中所规定的车辆冲洗水质标准，用于供应生态城绿化景观、道路清扫、车辆冲洗及冲厕使用，产生综合经济效益 1747.62 万元 / 年，直接经济净效益 719 万元 / 年。

3）多水源优化调配技术：满足生态城各种用水需求，同时还可实现节约用水、节能减排，构建健康水环境，提高土地价值。该技术在生态城水系统智能化平台中得到示范应用，实现了水质水量数据采集、信息管理、水质安全分析评价与预警，保障了生态城水环境系统安全运行，优化了生态城多水源补水的工程设施的运行，实现了水环境系统数字化、信息化、智能化高效管理，产生了显著的环境、资源、经济、社会效益，具有良好的示范作用。利用该技术在中新生态城智能调度，年平均可节约补水量38.3%，水资源利用效率提高20%。该技术可推广应用于其他水环境的规划、建设与运营中，具有良好的市场前景。

1.2.5 应用前景

生态城在实现非传统水资源利用和城市景观水体水质目标方面具有典型的示范作用，也为我国其他同类地区提供了借鉴和参考，为资源节约型、环境友好型社会的建设提供了成功的探索。生态城多水源净化处理与优化调配技术，充分考虑了城市水环境系统的特点，以提高用水效率为出发点，基于经济、社会和环境效益多目标，从城市层面提供了完整的多水源利用技术和管理方案，实现了水质水量联合控制与优化调度，为滨海缺水条件下城市发展提供借鉴，具有良好的市场前景。

1.3 生态城中重度盐碱地绿化技术应用

1.3.1 应用背景

生态城地处海积低平原区，地势低平，区域内由东向西，植被类型随土壤含盐量的变化而变化。在盐池周边和永定新河河口，土壤盐度比较高，植物稀少，只生长少量的耐盐植物种类，如盐地碱蓬等，有些地区甚至没有植物分布。改良盐碱地土壤和创新栽植技术成为必须解决的重点问题。特别是生态城提出要做到"三季有花，四季有绿"，更是提高了绿化的标准。为此，生态城积极探索实践，自主研究了"园林垃圾与污泥微曝气覆膜堆肥及产品改良盐碱地技术"，完成了中重度盐碱地绿化技术和环境治理与生态修复的治理工程，为生态建设打下了坚实的基础。

1.3.2 技术简介

盐碱地改良绿化技术是指采用施肥改土＋隔盐暗层＋暗管排水＋灌水淋盐等措施的综合集成技术，主要包括修筑台田、灌水压盐、垫隔离层、施有机肥、栽植耐盐性强的园林植物等措施。生态城土壤含盐量高、贫瘠、结构差，原土绿化适宜采取综合措施。局部原土改良绿化可以采取施肥改土＋隔盐暗层＋灌水淋盐的综合措施；全面原土改良绿化采取施肥改土＋隔盐暗层＋暗管排水＋灌水淋盐的综合措施。原土改良绿化生态环保，但改良绿化时间较长，初期景观效果较差，采用该技术应合理规划安排。

1.3.3 应用情况

盐碱地的传统改造措施中，最常用的是"强排强灌"的灌溉排盐技术，先施磷石膏等含钙化物，通过置换钠离子防止碱化，然后翻地耙平，最后以长期的养护维持酸碱度的稳定。这种措施的弊端是高投入和高副作用并存，不利于生态城的长期发展，也不符合生态城的基本定位。故转变传统思路，提出以下两种措施：

1）工程措施

由于天津地处我国北方临海，生态城更是处于河流纵横交错地区，地下水位较高。为了防止土层下部的海水上升到地表，防止土壤出现次生盐渍化的现象，在苗木的土层深度满足种植的前提下，在局部采取客土抬高的方式，用微地形处理的方式抬高种植土，如设置花坛、树池等方法。同时利用开沟的土方根据种植地的地势营造不同的地形以利排水，并使用地面覆膜技术覆盖土壤，保持土温，减少土壤内水分的蒸发，缓解可能发生的反盐现象。此外，以每 100m 为 1 个标准段，每 5m 横向设置 1 条 2 级的排水沟渠，每间隔 100m 纵向设置 1 条 1 级排水沟，建立埋深浅管道、水平间距密集的排盐系统，使得城市排水系统和工程排盐相互适应，相互结合。

2）生化措施

土壤养分和微生物是土壤生态系统的重要组成部分，土壤养分对植物的生长发育起着重要作用。土壤微生物作为生态系统的分解者，对能量交换和物质循环起着重要推动作用。土壤中微生物的种类数量是评价土壤质量的生物学指标。因此，在盐碱地进行绿化建设，要改良土壤，通过施有机肥，增加土壤的有机质，提高土壤中微生物的种类和数量，配合施硫酸亚铁等提高土壤肥力，平衡土壤的酸碱度。周期性的改良，可以大幅提升植物的成活率，同时也避免土壤的二次污染。

1.3.4 应用效果

在建设之初，生态城就采用了物理—化学—生态相结合的综合改良及植被构建技术，对盐碱地进行改良绿化，取得了成功并获得国家发明专利。该技术主要实施挖运盐碱土，铺设渗水管、石屑渗水层，种植土回填等工程，使土地盐碱度从 0.60% 降至 0.30% 以下，不仅能满足园林植被生长需求，还可节约成本 40%。此外，由于该技术设置了盲沟和集水井等节水设施，在地下形成了网沟系统，可大量节约灌溉用水，充分利用天然降雨，节约水资源 30% 以上，还大大提高了树木的成活率（图 1.11）。

生态城静湖湖岸亲水平台和绿化景观建设完成，原来的盐碱地已经被国槐、柽柳、火炬、孔雀草、波斯菊、百日草等植物密密覆盖，形成了自然湿地以及水生植物为特色的敞开式空间布局，居民可到这里体验观花、观景、亲水、观鸟等户外野趣。在充分调研生态城盐碱地生植物的同时，生态城景观绿化以天津地区本土适应植物为主体，采用约 130 种天津本土

图 1.11　生态城盐碱地治理前后对比图

图 1.12　生态城绿化

地区驯化成功植物。先后引种了白蜡、迎春、秋葵、香蒲、千屈菜等抗逆性、耐碱性、长势快、观赏性高的园林植物，同时也引种了皂角、紫叶矮樱等其他地区植物品种，形成了较好的绿化景观效果（图 1.12）。

　　按照生态城总体规划，到 2020 年，生态城绿化覆盖率将达到 50%。生态城将从城市中的花园提升为花园中的城市，建造一座"大美""大绿"的生态城市，创造我国盐碱滩上的生态建设奇迹。

1.3.5 应用前景

　　水利工程措施、农业技术措施、生物措施、化学改良等多种盐碱地改良的技术措施具有不同的改良效果。由于盐碱地的改良是一个较为复杂的综合治理系统工程，所以改良盐碱地多采取以水肥为中心，包括水利工程措施、农业技术措施、种树种草等在内的综合治理方法，这是改良治理盐碱地的主要方向。

在改良盐碱土的各项措施中，利用工程排水洗盐是一项重要的水利技术措施，只有健全排水设施，其他措施才能充分发挥作用。从水利改良技术的运用和发展来看，这种改良技术所遵循的是一种延续了上千年没有改变的原理和方法，所采取的措施多为农田布置较多且较深的明渠、地下暗渠、竖井排灌等工程技术措施，这些传统的灌排工程技术客观上还存在一些问题。基于新理论方法进行"土壤水盐定向迁移"机理、"盐分上移地表排盐"模式、不同节水灌溉排盐高效机理、地表排盐技术等基础理论和时间观测内容的探索和技术创新，致力于在节水灌溉条件下，对土壤水盐运行规律和基本特征、不同基面与土壤水盐定向迁移关系、牵引力及盐分运积效应、地表排盐技术方法、适用材料技术特性实验等关键技术研究方面有所突破，为新技术应用研究打下基础，作为全新的水利土壤改良模式及相关技术理论与研讨的发展方向。

1.4 垃圾智能分类平台在城市可回收垃圾收集领域应用

1.4.1 应用背景

我国城市生活垃圾分类试点工作已历时多年。2000年，原建设部启动城市生活垃圾分类收集试点工作，确定了包括天津市在内的8个试点城市。十余年间，许多城市都在制定法规、开展宣传、探索新技术等方面作出积极尝试。2017年3月，国务院办公厅转发了发改委、住建部制定的生活垃圾分类制度实施方案，部署推动生活垃圾分类，完善城市管理和服务，创造优良人居环境。2017年底，住建部再次发布关于加快推进部分重点城市生活垃圾分类工作的通知，推动46个重点城市的垃圾分类工作。

生态城指标体系中规定了日人均垃圾产生量、垃圾回收利用率、危废与生活垃圾（无害化）处理率三项与生活垃圾有关的指标，建区以来，生态城始终积极支持和引导企业、居民的垃圾分类工作，倡导绿色生态生活理念。

1.4.2 技术简介

垃圾智能分类回收系统平台通过利用智能终端设备、网络通信技术，集综合后台管理服务平台、移动服务平台、智能物回终端平台、实体体验店等各项平台服务功能于一体，构建"可回收垃圾—物回积分—服务商品"的可回收垃圾收集处置体系，为居民解决可回收垃圾处理问题提供极大便利。垃圾智能分类回收平台工作主要分为服务器管理平台、前端智能回收设备、移动客户端、PC 客户端、网上商城等部分。

垃圾智能分类回收系统平台具体功能如下：

1）服务器作为管理平台

主要提供数据存储、Web 服务功能。

2）前端智能回收设备

主要提供垃圾回收、广告播放、积分兑换、预约服务等功能（图 1.13、图 1.14）。

3）PC 客户端主要功能

管理人员通过 PC 机与服务器相连，实现设备管理、操作人员管理、用户信息管理、积分管理、垃圾回收管理、预约服务、网络订单响应及信息分析与统计等功能；用户通过 PC 机与服务器相连，实现个人信息维护、积分查询、兑换、网上采购、预约服务等功能。

4）移动客户端（手机 APP）功能

（1）管理人员通过手机 APP 与服务器相连，实现垃圾回收处理、预

图 1.13 垃圾智能分类回收平台

图 1.14 垃圾智能分类回收积分兑换店

约服务执行、网络订单处理等功能；

（2）用户通过手机 APP 与服务器相连，实现垃圾投放、预约服务、网络采购、积分兑换、个人信息维护、查询与统计功能；

（3）垃圾清理人员通过手机 APP 接收清理任务、大件预约任务、废旧物品二维码扫描、物品和积分信息确认及修正、工作量统计、定位。

5）网上商城

主要与移动客户端、PC 客户端相结合，提供网上积分消费服务。

1.4.3 应用情况

截至 2018 年 6 月底，生态城已建成积分兑换店 1 处，布设物回机 33 台，覆盖美林园、和畅园、天和园等住宅小区 24 个，第三社区中心、商业街、科技园等公共建筑 6 个，实现已建成区域主要小区、公共建筑的全覆盖。累计办理积分卡 11985 张，每月活跃用户超过 40%，累计产生积分 9554 万（折合人民币 95.54 万元），累计消费积分 6865 万（折合人民币 68.65 万元）。

目前，生态城已基本建成较为完整的垃圾智能分类工作系统，配有专业回收车辆及回收队伍，每日进行定时定点回收工作，并开展大件预约回收工作，各项工作开展有序，分类效果显著。

生态城已建立了位于环卫之家的、采用微生物好氧降解技术处理的餐厨垃圾站，处理包括餐厨垃圾、厨余垃圾、绿化垃圾等有机垃圾。

1.4.4 应用效果

生态城搭建了垃圾智能分类回收系统，充分利用数据传输、Web 服务等新技术，对可回收垃圾传统收运方式进行创新，引导广大居民参与垃圾分类回收，进行源头分类投放，节省了大量的人力物力，大幅提高了垃圾回收效率及整体垃圾分类回收利用率；通过手机移动终端、网络终端、设备终端，为居民提供大件垃圾预约回收服务，回收工作快捷、方便；线上线下消费方式相结合，为居民提供多种物回积分消费方式，将垃圾

图 1.15 垃圾智能分类回收平台分布图　　图 1.16 餐厨垃圾处理机（上）和处理过程（下）

分类工作与居民切身利益相结合，极大地提高了居民群众的参与热情（图 1.15）。

采用的厨余垃圾降解技术年处理餐厨垃圾可达 554.80t，年处理费用约 92200 元，平均处理成本为 166.20 元 /t，与传统的垃圾焚烧方式（260 元 /t）相比，成本有所下降，且减少了二次污染。餐厨垃圾采取好氧微生物方式处理，处理周期短，发酵彻底，使用寿命长，产品有机肥按 10 元 /kg 出售，可产生一定的经济效益，不仅可以回收一部分初期投资的固定成本，还可以补偿一定运营费，可在未来大力发展（图 1.16）。

1.4.5 应用前景

生态城垃圾智能分类平台的成功构建，为解决城市可回收垃圾及大件垃圾的分类收集提供了新的思路和范例，依托其智能化、人力物力成本低的优势，在未来城市生活垃圾的分类中必将得到更加广泛的应用。生态城也会在后期推广过程中，不断增加便利性，进一步加大推广力度。

1.5 气力输送技术在城市生活垃圾收运领域应用

1.5.1 应用背景

垃圾气力输送系统是近年来一些发达国家使用的一种高效、环保的垃圾收集方式，目前在国外已得到广泛应用且技术已经相对成熟。它主要适用于高层公寓楼房、现代化住宅密集区、商业密集区及一些对环境要求较高的地区。为此，在生态城建设高效、便捷、环保的生活垃圾收运系统，有极大的示范意义。垃圾气力输送系统有助于提高基础设施建设水平、提升生态人居环境，符合生态城建设理念。

1.5.2 技术简介

1）气力输送系统技术原理

生活垃圾气力输送系统的设计概念是用管道将楼宇内的室内投放口及楼宇外的室外投放口连接到一个比较远离居民的中央收集站，垃圾由投放口进入气力输送系统。通过预先铺设好的管道系统，利用负压技术将生活垃圾抽送至中央垃圾收集站，再经过垃圾分离器及压缩机，将垃圾压缩并推进密封的垃圾集装箱内，最后由垃圾转运车辆运至垃圾填埋场或垃圾焚烧厂进行最终处置。生活垃圾气力输送系统原理见图 1.17。

图 1.17　生活垃圾气力输送系统示意图

2）气力输送系统工艺流程

（1）居民或物业人员将垃圾分类投放至室内或室外投放口；

（2）启动抽风机，在输送管道内制造气流；

（3）控制中心发出指示，开启首个进气阀，进气阀打开后，向中央控制台传输信号；

（4）垃圾输送管网会出现一股强力气流，将空气从首个进气阀抽送至中央收集站，气流必须保持足够速度，确保妥善输送较重垃圾；

（5）控制中心核实输送管道已达至适当气流速度时，向有关管段的首个垃圾排放阀或室外投放口的阀门发出开启的指示，该排放阀门打开后，储存在阀顶的垃圾会因重力下坠被吸进垃圾输送管道，再由气流抽送到收集站；

（6）数秒后首个阀门完成排放所有储存的垃圾，阀门随即关闭；

（7）相隔一段短时间后，同一管段的第二个垃圾排放阀获得开启指示，重复执行第（5）至（6）项操作程序；

（8）当接至首段管道的所有垃圾排放阀均完成排放程序，进气阀便会停止操作；

（9）另一根支管的第一个进气阀便会接获开启的指示，开始执行第（5）至（6）项操作程序；

（10）整个收集过程中，同一时间内只有一个排放阀打开，确保顺序排放各个垃圾槽和室外投放口内的垃圾；

（11）垃圾经过管道输送至收集站后，垃圾分离器会将垃圾从气流中分开，让其坠入压实机，被压进相连的集装箱；运送垃圾的空气流会经由过滤器净化，然后排放至户外；

（12）集装箱载满后，由标准的拉臂车运送至处置场（图1.18）。

1.5.3 应用情况

生态城垃圾气力输送系统是国内第一套分类收集的生活垃圾系统。为进一步消除污染、促进垃圾资源的回收利用，并考虑到居民的接受程度，生态城生活垃圾实行干湿分类，其中干垃圾包括废塑料、废纸、纤维和灰

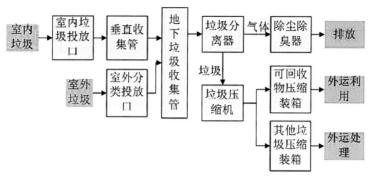

图 1.18 生活垃圾气力输送系统作业流程示意图

图 1.19 生态城南部片区气力输送系统 2 号中央收集站内部

图 1.20 生态城南部片区气力输送系统投放口

土类等不可回收垃圾，湿垃圾包括家庭厨余、果皮和菜叶等有机垃圾。

　　生态城垃圾气力输送系统应用于南部片区，共分 4 套系统，服务人口约 10 万人。2 号系统主要服务范围包括天和园、红树湾、景杉园等小区；3 号系统主要服务范围包括美林园、季景华庭等小区；4 号系统主要服务范围包括和畅园等小区；5 号系统主要服务范围内全部为世茂地块。根据管网铺设情况，共建设 4 座中央收集站，每座中央收集站占地面积约 1200㎡，可使用面积约 920 ㎡。（图 1.19、图 1.20）

1.5.4 应用效果

　　该项技术的优势在于不仅洁净卫生、生态环保，而且具有整体的规模效益和经济适用性。减少小区内垃圾收集点、城区中垃圾转运站等建设；减轻物业清洁人员、环卫工人的工作强度，改善其工作环境；避免垃圾转运过程中异味、渗滤液、撒漏等二次污染；减少垃圾转运过程中需要的车辆；

提升区域环境。它可以节约垃圾运输的交通量90%，降低能量消耗67%，节省人工90%。气力输送系统的实施，提高了劳动效率，降低了劳动强度，彻底改善了环卫工人的工作环境，充分体现了"以人为本"的原则和"生态环保"的理念，具有重要的社会效益。

从城市环卫基础设施的角度分析，生活垃圾收集系统设施的建设是环卫设施中最重要的设施之一，随着社会的发展，公民的环保意识将更强，对生活垃圾的收集、运输系统设施的建设提出了更高的要求。该项目采用的是全封闭自动垃圾收运系统，垃圾收集全部通过埋地管道进行输送，从而彻底解决传统的垃圾收集运输方式所引发的建筑和土地资源占用；克服了传统垃圾收集方式带来的臭气、蚊蝇、鼠害等二次污染；大大减少了垃圾收集车的通行，减少了空气污染，减低了噪声，给人们的居住创造了更好的环境。

为了实现生活垃圾后续设施的无害化、资源化率和回收率的指标要求，需要对生活垃圾从源头进行分类处理，而生活垃圾气力收运系统更便于实现分类收集，便于垃圾投放，可以减少进入处理系统的垃圾量，节约资源。同时，该系统的展示对于分类收集工作的推广具有积极意义。

1.5.5 应用前景

根据南部片区垃圾气力输送系统的建设运营情况，可考虑向生态城中北部片区推广。

与传统的垃圾收集方式相比，垃圾气力管道输送系统是一种高效、卫生的垃圾收集方法，需要注意事项包括：

1）与传统的垃圾收集方式相比，由于气力管道输送系统垃圾能封闭、自动运输，因此其初次投资费用较高。

2）由于气力管道输送系统采用电脑程序控制垃圾收集过程，自动化程度高，相应要求管理人员具有较高的管理素质，同时对投放者的投放行为要进行指导和规范。

3）系统需要由受过训练的技术人员定期进行检查、维修及保养以确保各部件及设备状态良好和正常操作。

第二篇 绿色建筑

按照生态城指标体系要求，生态城所有建筑必须 100% 达到绿色建筑标准。截至 2017 年底，生态城共启动绿色建筑项目 223 个，总建筑面积 1340 万㎡，所有项目均通过了绿色建筑评价，二星级及以上绿色建筑面积达到 630.8 万㎡，占比 47.07%；101 个项目获得国家绿色建筑标识，占天津市绿色标识建筑总量的 40%，二星级及以上的高星级绿色建筑标识 75 项，获绿色建筑创新奖项目 8 个；建设了服务中心、公屋展示中心、滨海小外中学部等一批有特色的绿色建筑项目。生态城在绿色建筑方面取得的成绩，获得了住房和城乡建设部的充分肯定，相继获批"国家绿色生态城区""中国北方地区绿色建筑基地"。开发建设 10 年来，主要做了四方面工作：

一是全面推行绿色建筑。参照国家的绿色建筑自愿申报机制，生态城大胆创新，将达到绿色建筑标准作为建筑工程的入门条件。任何开发企业都必须遵循这个原则，任何类型的建筑工程都必须符合绿色建筑标准。

二是制定建筑全生命期标准体系。自 2009 年起，编制并颁布了生态城绿色建筑评价、设计、施工标准、运营导则，形成了覆盖建筑全生命期的建设运营管理标准体系，为生态城各类建筑设计施工运行提供了技术规范。2016 年，在天津市建委的组织下，对以上标准进行了修编，主要是对海绵城市、可再生能源利用、盐碱地改造等方面提出了新的要求。

三是建立完善的绿色建筑管理体系。为确保每一个建筑都达到绿色建筑标准，必须从规划设计阶段入手，进行相应约束。因此，生态城结合现有规划行政许可流程，在不增加规划许可环节的前提下，增加了绿色建筑审核内容，建立了与审批流程紧密结合的绿色建筑管理体系，形成了涵盖规划、方案、设计、施工等全过程的绿色建筑建设审批程序，将绿色建筑由"事后申报"转变成"事前提示、审批把控、过程监督、事后评价"，确保每一个建筑从设计、施工到竣工、运营，完全符合绿色建筑标准要求。

四是创新建立第三方绿色建筑评价机构。组建了国内第一家专门从事绿色建筑评价和研究的绿色建筑研究院，在建筑方案、施工图、规划验收以及运行等阶段，对生态城区域内的建筑工程开展绿色建筑评价。

生态城在新城区建设过程中，充分引进国内外先进技术，结合自身实际，开展了"十二五"国家科技支撑计划项目——"中新天津生态城绿色建筑群建设关键技术研究与示范"等科研课题研究，并将形成的一系列研究成果（包括绿色建筑设计关键技术、评价关键技术、运营管理关键技术等），在绿色建筑建设过程进行积极应用，取得了十分显著的成绩。随着生态文明建设的不断推进，绿色建筑发展也进入了新的阶段，其内涵和外延将更加丰富，生态城将在装配式建筑、被动式建筑和健康建筑等新技术应用方面，不断实现新的突破。

2.1 绿色建筑设计关键技术应用

2.1.1 应用背景

随着经济社会的快速发展、人类文明的不断进步，越来越多的人开始接受绿色节能的理念，绿色节能建筑逐步成为市场的需求。作为中国北方唯一的国家绿色建筑示范基地，生态城制定相关指标体系指标库，研究绿色建筑技术适应性并开发管理平台，致力于打造北方地区的绿色建筑示范中心、绿色建筑技术产品展示中心、绿色建筑研发中心以及教育培训中心。为更好地建立低成本绿色建筑技术体系，保证绿色建筑100%目标的实现，进行绿色建筑设计关键技术研究，并在生态城积极应用。

2.1.2 技术简介

绿色建筑设计关键技术是指在规划设计、建筑设计、结构设计、暖通空调设计、给排水设计、电气设计、景观环境设计等专业设计中体现可持续发展理念，注重在建筑全寿命期内，体现建筑功能与节能、节地、节水、节材、保护环境之间的关系，降低建筑行为对自然环境的影响，实现建筑与自然和谐共生，从而体现经济、社会和环境效益统一的多专业集成关键技术。

结合生态城特色、实践经验，增加设计亮点要求，如盐碱地生态补偿与修复；集中采暖、空调系统分时分区控制与调节策略；注重结合天津地区盐碱地及高地下水位的特点进行雨水设施的规划与设计等。结合海绵城市相关要求，在相关章节提出具体要求，如在规划设计章节提出的雨水资源利用的总体目标，在给排水章节提出具体设计要求，在景观园林设计章节从水景及雨水利用、场地及铺装方面对景观环境设计提出了技术要求，采取多种有效措施控制年地表径流。

2.1.3 应用情况

1）生态城低碳体验中心

　　建筑朝向最优化设计，有效避免了冬季来自西北向的冷风渗透；建筑形态为规整的方形，减小了表面积过大造成的热散失；减少西北侧开窗面积，最大限度在东南向开窗，加强建筑自然采光与夏季自然通风；双层呼吸式幕墙可以有效地保温隔热，使建筑本体内部形成小环境，且利于通风；整体中庭的设计有效增强了建筑中央区域的采光，增强了室内自然采光（图2.1）。

　　屋顶设太阳能光伏发电、太阳能热水、风力发电等可再生能源系统；灌溉系统采用具备自动灌溉、排水、施肥等全方面养护功能的滴灌系统。一层大厅及西北两侧二楼以上的双表皮空间设置垂直绿化，屋面设置屋顶绿化（图2.2）。

图2.1 生态科技园低碳体验中心外观图

图2.2 生态科技园低碳体验中心屋顶绿化

生态科技园低碳体验中心项目采用的绿色建筑设计技术应用主要包括：

（1）呼应气候设计

建筑设计上采用最优的体形和朝向，为建筑营造一个良好的外部微气候环境，自然通风设计使建筑全年能耗降低 2%；北面墙的开口尽量小从而阻挡冬季盛行风，减少热损耗（图 2.3）。

（2）高性能建筑围护结构

双层 / 三层中空充氩气 + 双银低辐射膜玻璃应用在天窗和幕墙中，在夏季反射室外太阳热，冬季阻隔室内热量流失。北向双层外表皮的设计使得北向用户能开窗享受自然通风及自然采光而不会感觉到寒冷。同时双表皮之间的空间为使用者营造了一个室内绿色共享空间。

（3）自然采光

建筑 50% 的玻璃位于南侧，20% 的玻璃位于屋顶天窗，同时在室外设置导光筒将光线导入地下，最大化获得自然采光，扩大视野范围。遮阳反光板的设置，使自然光更深延入室内的同时阻隔太阳辐射热（图 2.4）。

（4）高效节水

采用高节水等级卫生器具，节水率比生态城绿色建筑标准要求高 40%；采用建筑雨水收集利用系统，全年雨水收集量满足了 5% 的建筑用水需求。

（5）可回收材料利用

建筑采用钢结构体系，使得可再循环材料率达到 30%，是生态城绿色建筑标准要求的 3 倍。同时将废弃材料应用在建设中，比如屋顶汀步均由废弃物材料制成，实现"变废为宝"（图 2.5）。

（6）综合节能与可再生能源利用

使用排风热回收机组，回收的能量相当于节约 4% 的建筑用电；建筑采用的可再生能源系统，提供建筑全年 60% 的冷热及生活热水需求，发电量满足建筑全年 12% 的用电需求（图 2.6）。

（7）空气品质检测与调节

在新风系统设置高效空气过滤器，有效过滤 $PM_{2.5}$ 达 90% 以上，回风系统设置二氧化碳浓度探测器，用于监测室内空气质量，保证良好的空气流通（图 2.7）。

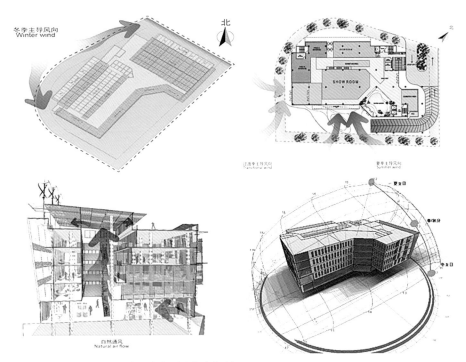

图 2.3 生态科技园低碳体验中心呼应气候设计

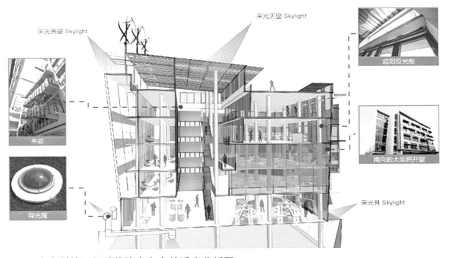

图 2.4 生态科技园低碳体验中心自然采光分析图

图 2.5 生态科技园低碳体验中心建设中使用的回收材料

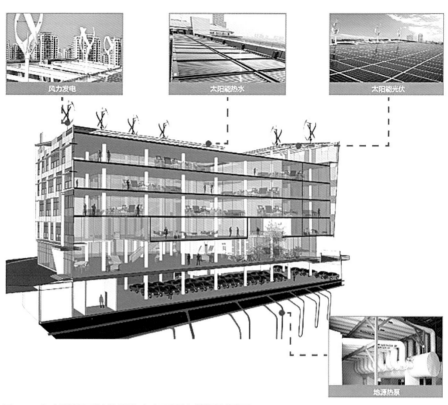

图 2.6　生态科技园低碳体验中心可再生能源利用图

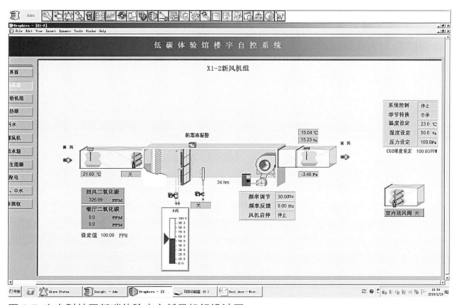

图 2.7　生态科技园低碳体验中心新风机组设计图

（8）立体绿化与屋顶农场

建筑中设置室内常绿花园和绿墙以及屋顶花园式农场，达到过滤室内

图 2.8 生态科技园低碳体验中心垂直绿化应用图

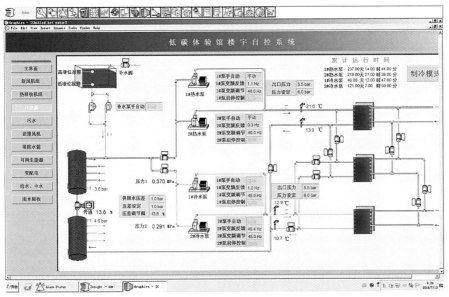

图 2.9 生态科技园低碳体验中心楼宇自控系统设计图

空气，形成绿色气候核，营造四季常绿的活力空间的目的，并促进人与人之间的互动交流（图 2.8）。

（9）智能楼宇与能源管理控制系统

能源管理系统能够实时检测建筑的能耗、水耗以及可再生能源的产能情况，逐时、逐项进行监测、分析、控制，结合屋顶气象站，实现不同季节的优化运行，不断提升建筑能效（图 2.9）。

2) 34 号地块小学

34 号地块小学是在建项目。该项目结合场地自然条件，对建筑的体形、朝向、楼距等进行优化设计，使建筑获得良好的通风、日照和采光，建筑内部规划布局优先考虑功能分区对于日照标准的要求，合理安排；外窗、玻璃幕墙部分可开启，可获得良好的通风。屋顶设置太阳能发电；利用余热废热提供建筑所需蒸汽、供暖或生活用水等；选用高性能空调冷、热源机组；项目内采用微喷灌的灌溉方式，并设置土壤湿度感应器。采用大面积首层屋顶垂直绿化，屋顶绿化使用佛甲草等易于维护的植物（图2.10）。

生态城34号地块小学项目采用的绿色建筑设计技术应用主要包括：

（1）装配式建筑

项目采用高强钢框架结构，建设中使用的现浇混凝土和砂浆均为预拌混凝土、砂浆，尽可能降低建造过程中对环境的污染。

（2）高性能建筑围护结构

项目采用高性能建筑围护结构，使供暖空调全年计算负荷降低幅度达到10%。

（3）自然采光与自然通风

项目各方向窗墙比均低于0.5，二层到四层四周均为窗户，其外窗可开启面积比例＞35%。项目一层为玻璃幕墙，外窗开启面积比例＞10%。

（4）高效节水

项目给水、中水引入管设总水表，建筑根据不同功能要求及使用性质分别设置水表等计量措施，采用分质供水方案。采用污废合流、雨污分流排水系统，地下室排水采用机械排水方式，地上部分采用重力排水方式。

（5）综合节能与可再生能源利用

项目不采用电直接加热设备；照明系统智能、分区控制；新风系统采用热回收式全热交换机组，热回收率≥60%；屋顶设置太阳能光伏发电系统及太阳能热水器。

（6）噪声控制

项目设备房均设置在地下一层，选取高效率、低噪声设备，在布置及方位上，尽量减少对周围环境的影响，同时所有风机、水泵等运转设备设减震器；外围护结构使用蒸压砂加气砌块、断桥铝合金双层外窗，从而降低室外噪声的影响（图2.11）。

图 2.10　34 号地块小学全景效果图

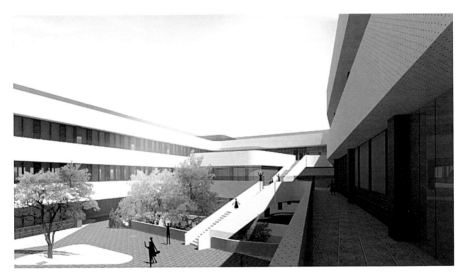

图 2.11　34 号地块小学内部空间

2.1.4 应用效果

　　绿色建筑规划设计关键技术应用的成果直接体现为在建筑全生命周期内，建筑本身在建造过程中的节水、节材和节能效益，以及使用过程中节约能源带来的经济效益和减少有害气体排放带来的环境效益。绿色建筑设计选择适用的技术、材料和产品；合理利用并优化资源配置，减少对资源的占有和消耗；最大限度提高资源、能源和原材料的利用效率，积极促进资源的综合利用；延长建筑物整体使用寿命，增强其性能及适应性；提高建筑室内舒适度，改善室内环境质量；保障安全，降低环境污染，同时为人们提高工作效率创造条件。

2.1.5 应用前景

发展绿色建筑，应用绿色技术符合我国现阶段的基本国情，建筑业走向绿色、节能、环保、减排之路是必然。我国正处于经济稳步增长、城市化进程不断加快的发展阶段，对建筑物的需求量越来越大。绿色技术在建筑上有着非常广阔的应用空间和市场，潜力大、后劲足，能够保障绿色建筑的持续发展。随着绿色建筑相关产品的量产化，生产成本逐步降低，将为更多企业接受使用。互联网应用的不断拓展与深入，使互联网技术与绿色建筑技术相融合，为绿色建筑提供更好的使用体验。

2.2 绿色建筑评价关键技术应用

2.2.1 应用背景

与我国现有的绿色建筑自愿性建设与评价的方式不同，全过程的评价技术是实现绿色建筑100%目标的重要保障。"十二五"国家科技支撑计划课题"天津生态城绿色建筑评价关键技术研究与示范"围绕绿色建筑设计评价、绿色建筑验收评价等难点和关键技术深入研究，建立以全过程量化评价为核心的绿色建筑评价技术体系，形成北方寒冷地区绿色建筑材料和部品选用及评价技术体系和产品目录，为生态城以及国内绿色建筑的实施提供技术支撑。

2.2.2 技术简介

绿色建筑评价技术是指从节地、节能、节水、节材、室内环境、施工管理和运营管理七个方面，对参评建筑设计阶段和运行阶段分别进行评价和引导，最终确定评价等级的技术手段。并建立以全过程量化评价为核心的绿色建筑评价技术体系，形成北方寒冷地区绿色建筑材料和部品选用及评价技术体系和产品目录，为生态城以及国内绿色建筑的实施提供技术支撑。

2.2.3 应用情况

生态城在绿色建筑评价标准体系、管理机制等方面进行了一系列探索和创新，综合引入反映生态城区域自然、文化特色的修改性条文。发布了《中新天津生态城绿色建筑评价标准》，并设立了第三方评价机构，实现了绿色建筑在评价阶段标准体系支撑。按照国家和天津市绿色建筑管理相关规定，经有资格的评价机构评价后，对于达到生态城绿色建筑入门级的项目，国家将颁发国家一星级绿色建筑评价标识；获得银奖的绿色建筑项目，将颁发国家二星级绿色建筑评价标识；获得金奖或白金奖的绿色建筑项目，将颁发国家三星级绿色建筑评价标识。目前，生态城应用《中新天津生态城绿色建筑评价标准》进行绿色建筑评价的项目达到 218 项，建筑面积达到 1248.67 万 ㎡。

生态城颁布实施审批服务指南，其中建筑类对建设工程方案设计绿色建筑预评价、建设工程施工图设计绿色建筑评价、建设工程验收阶段绿色建筑评价都提出了明确要求，真正将绿色建筑评价关键技术在生态城切实开展，形成方案—施工图—施工—验收一体化审核，建立评价机构、建设单位、建设局三位一体机构规范建筑行业，形成绿色建筑建设全流程评价管理体系，保证生态城绿色建筑 100% 目标的实现（图 2.12）。

生态城作为国家级项目，已经在绿色建筑建设方面取得显著成果，被确定为"北方地区绿色建筑基地"。生态城通过组织区域范围内的绿色建筑工程示范，对在绿色建筑建设中起到明显作用的绿色建筑评价关键技术领域进行研究和推广应用，建设成为地区性绿色建筑示范中心、研发中心、技术产品展示中心、教育培训中心等（图 2.13）。

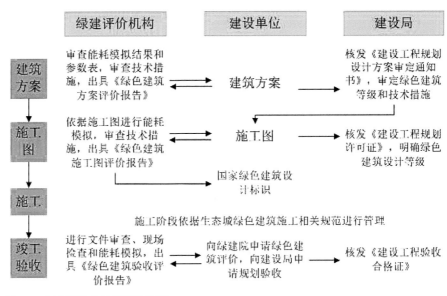

图 2.12 绿色建筑全过程评价流程

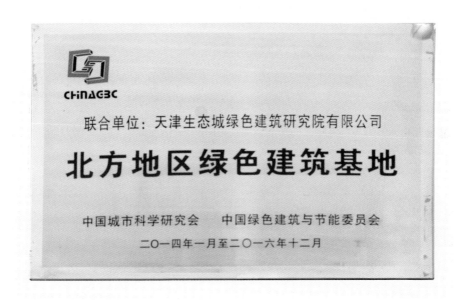

图 2.13 绿色建筑基地

2.2.4 应用效果

通过一系列标准规定及技术措施的应用，生态城绿色建筑评价工作稳步实施，为绿色建筑 100% 目标提供可行性的技术支持。目前，生态城建成项目均达到国家绿色建筑评价一星级及以上标准，多数获得国家绿色建筑标识，建筑能耗大幅下降。同时，生态城还积极开展超低能耗和零能耗绿色建筑研究，探索建设了生态城第一个零能耗建筑——公屋展示中心（图 2.14）。

依据本项目《建筑综合能耗模拟分析报告》，模拟的参考建筑全年能耗为 141.03kWh/(m^2·a)，实际运行能耗 66.81kWh/(m^2·a)，占参照建筑的能耗比例为 47.4%，满足《绿色建筑评价标准》GB/T 50378—2006 "5.2.16 建筑设计总能耗低于国家批准或备案的节能标准规定值的 80 %"的要求。

滨海小外中学部用地面积 44023.60 ㎡，总建筑面积 51667 ㎡，包括教学楼、体育馆和宿舍楼三部分。该项目从建筑布局、形体、空间入手，为实现建筑低能耗提供最好的基础。合理利用各类可再生能源及各类新技术，实现建筑的节能减排，运用现代的设计手法，创造合理的功能布局、丰富有趣的空间，并使学校本身成为绿色、环保理念的课堂，为学生创造健康、绿色的生活和学习环境。通过绿色建筑设计和校园规划，助力生态城的可持续发展（图 2.15）。

经能耗模拟计算，滨海小外中学部教学楼项目设计单位建筑面积

图 2.14 公屋展示中心

图 2.15 滨海小外中学部

能耗为 68.23kWh/（㎡·a），与参照建筑相比，设计建筑总能耗降低 34.10%，外部能源供给减少 42.50%，具有良好的节能效果。

2.2.5 应用前景

当前，气候、环境问题已成为全球关注的焦点。我国政府承诺到 2020 年单位国内生产总值二氧化碳排放比 2005 年下降 40% ～ 45%。绿色建筑与当今建筑行业所倡导的绿色、环保、低碳的生态发展理念不谋而合，对建筑由"生态赤字"走向"生态盈余"具有重要的贡献，成为当今建筑发展的主流。生态城绿色建筑评价体系为绿色建筑建设提供技术支持，为开发绿色技术、形成绿色建筑产业化提供推动力。

2.3 绿色建筑运营管理关键技术应用

2.3.1 应用背景

绿色建筑的运营管理水平直接影响其节能减排的实际效果。对区域绿色建筑运营管理阶段的真实资源消耗水平监测是进行绿色建筑信息化管理的基础，设备系统运行优化是提高绿色建筑性能的主要措施，结合示范项目的建设建立产业化平台是绿色建筑推广的重要手段。对区域绿色建筑运营监测关键技术、绿色建筑设备系统运行优化关键技术、绿色建筑推广与产业化平台建设三方面进行研究，有利于提高生态城绿色建筑节能能力。为此，开展了"十二五"国家科技支撑计划课题"天津生态城绿色建筑运营管理关键技术集成与示范"的专项研究，形成了丰富的科研成果，最终形成了《中新天津生态城绿色建筑运营管理导则》，在生态城持续推广和应用。

2.3.2 技术简介

1）绿色运营的前置

根据绿色建筑的定义，其建设目标的实现体现在建筑全生命周期的各个环节中，应综合考虑设计、施工、运营、拆除等各环节的活动，其中建筑的运行阶段占整个建筑全生命时限的 85% 左右，因此运行管理模式和策略关系到绿色建筑建设的成败，是真正实现绿色建筑内涵的关键之一，也是绿色建筑能否达标的关键所在。

要达成绿色建筑的运营管理目标，需要应用许多被动与主动技术。所以从规划设计阶段开始，就应确定运营管理策略与目标，并针对性地采取适宜的绿色建筑技术，为后期进入建筑运营管理阶段时进行综合和可持续性的管理创造良好的基础。

2）绿色运营审计

绿色运营审计是绿色建筑运营的重要手段和前提之一，也是绿色建筑运营的必要步骤。在运营审计过程中，通过对建筑现场情况的调研、检测、分析和诊断，提出绿色运营的改进方向、策略和建议。这一过程将贯穿绿色运营阶段的始终。

3）运营数据的有效采集

运营数据的有效采集是开展绿色建筑运营的基础要求，应在建筑的规划设计阶段依据建筑运营管理要求，进行数据采集系统的设计，并在后期建设实施阶段严格按照设计要求进行安装和调试。

4）基于运营管理目标的组织构建与规则

绿色运营需要人、设施、数据、制度和环境的高度集成，其中人的主观能动性是最重要的因素，所以建立一个高效和分工明确的组织机构以及与之适应的运营规则是确保绿色运营各元素有效集成所必须的。

5）PDCA（plan、do、check、adjust，计划、执行、检查、调整）模式下的持续改进

绿色建筑运营贯穿于建筑的全寿命周期当中，为达成预定的目标，必然需要在这一过程中不断地持续改进。PDCA作为世界通用的一种目标管理模式，同样适用于对绿色建筑运营过程的管理。

2.3.3 应用情况

1）生态城科技园低碳体验中心在获得国家绿色建筑三星级设计标识后，借助于规划设计阶段设定的绿色运营设施及目标，建设方联合物业运营方，在项目运营阶段持续不断地开展了卓有成效的绿色运营管理工作。

（1）采用计算机仿真模拟技术进行了基于前馈仿真模拟的绿色建筑运营优化实践，提出了3个种类、6个策略的节能技术路线，用于评估其节能性及指导绿色运营实践，确保实现建设目标（表2.1）。

节能技术路线　　　　　　　　　　　　　　　表2.1

被动设计策略	双皮幕墙
	中庭
现有建筑运行表现	租户运行模式
	夏季制冷运行时间
建筑运行优化策略	非工作时段调低采暖温度10℃
	夜晚自然通风

（2）与生态城绿建院进行密切合作，利用绿建院在绿色建筑研究、评价方面的优势与先进技术，对建筑运行数据进行审计分析和诊断，编制了建筑绿色运营导则，使得绿色建筑运营可实现标准化、可复制推广。

（3）联合物业运营商，通过技术培训、现场指导及建立完善的运营管理制度等措施，使得物业运营人员参与建筑的运营管理过程当中，充分发挥人的行为对绿色运营的主观能动性（表2.2）。

（4）借助规划设计阶段设定的光伏、光热及风力发电等可再生能源的利用设施，通过完善的数据采集系统和数据集成分析，最大化减少对常规能源的使用，充分发挥可再生能源的潜力。

2）研发大厦在获得国家绿色建筑三星级设计标识后，建设方出于降低日常运营成本的考虑，联合物业运营商，进行了持续的节能运营管理活动（表2.3）。

（1）利用公共服务平台，对公共区域能耗进行持续监控和分析。

（2）针对能耗占比最大的VAV空调系统进行重点控制，结合冬季和夏季、室外环境状态、办公及商业作息时间等因素，采取不同的控制策略（图2.16）。

（3）与第三方单位进行技术合作，结合空调和照明系统的使用，对大厦尖峰电力负荷实施调控。

物业管理表　　　　　　　　　　　　　　　　表2.2

序号	方案、制度及操作规程
1	物业管理组织方案
2	房屋设备等维修保养制度
3	机房、各设备系统操作规程
4	空调通风系统管理办法
5	安保消防管理制度
6	数据记录与档案资料保存方案制度
7	突发事件上报程序
8	出租区域计量收费管理办法

序号	物业工程运行记录表
1	高压用电量记录表
2	建筑用水量记录表
3	空调机房运行记录表
4	风机盘管与新风机组运行记录表

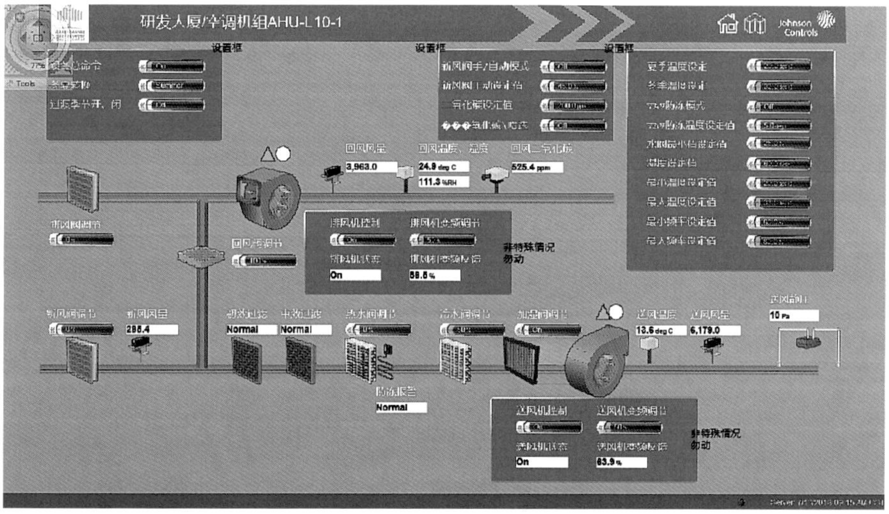

运行记录表　表2.3

图 2.16 VAV 空调控制系统

（4）采用计算机远程遥控、红外及移动感应、灯控模块程序控制等手段，对耗能较大的公共区域照明进行有效控制。

2.3.4 应用效果

生态城科技低碳体验中心是中国首个新国标下获得绿色建筑三星级运营标识的项目，同时也是中国以及温带地区首座获得新加坡建设局绿色标志白金奖的建筑。位于研发大厦的合资公司办公室，注重营造健康舒适活力的办公环境，打造了中国地区第一个获得新加坡绿色建筑办公空间金奖项目（Green Mark Office Interior）。采用绿色建筑运行管理技术后，生态城科技低碳体验中心和研发大厦的整体运行能耗降低了20%左右。

2.3.5 应用前景

我国绿色建筑存在的主要问题就是"重建轻管"，导致整体运营管理水平不高，既存在体制问题，也存在操作机制问题。绿色建筑运营管理技术可以通过分析运营时期的能耗、水耗、材耗、使用人的舒适度等数据，全面掌握绿色设施的实时运行状态，发现问题并及时反馈控制；根据数据积累的统计值，比对找出设施的故障和资源消耗的异常，改进设施的运行，提升建筑物的运营水平。

绿色建筑只有通过有效的运营管理，才能达到预期的目标。要应用生命周期评价和成本分析的科学方法，理清绿色建筑运营管理的工作内容，逐步完善绿色建筑运营的体制与机制，使我国的绿色建筑走上持续发展的道路。

2.4 装配式木结构建筑技术应用

2.4.1 应用背景

我国建筑业主要采用的是现场施工的方法，即搭脚手架、支模板、绑钢筋及浇注混凝土，大部分工作都是在现场人工完成。这造成了巨大的劳动强度及巨大的施工风险，此外对环境的破坏较大，大量的固体建筑垃圾以及噪声影响着城市的发展及居民的生活质量，现场施工带来的工程质量与精度不高也亟待解决。装配式建筑是传统建造方式的一种改革，更是建筑业落实党中央、国务院提出的推动供给侧结构性改革的一个重要举措；可以节约资源和能源、减少污染、提高劳动生产效率等。装配式建筑包括装配式混凝土结构、装配式钢结构、装配式木结构三种结构形式，生态城在响应和落实国家政策方面一直走在全国前列，积极采用装配式木结构、钢结构建设装配式建筑示范。

图 2.17 中加生态示范区体验中心

2.4.2 技术简介

装配式木结构建筑是以构件工厂化、施工装配化为主的建造方式，以设计标准化、构件部品化、施工机械化为特征，能够整合设计、生产、施工多个产业链，具有低碳环保、施工迅速、设计多样、节能保温、抗震防风、防火安全、防潮防蛀、隔声性能好等优点。木材在生长过程中吸收二氧化碳并将碳存储到树干内，并且加工木材制成木产品和建造过程中的碳排放量低，从整个建筑生命周期来看，也更低碳环保。木材本身的难导热性以及木结构墙体特有的结构，在冬季北方寒冷地区保温性能尤其突出。

装配式木结构可以广泛应用于区域的多层、多户式旅游度假酒店、低密度旅游宜居生态地产以及配套生态公共建筑如社区活动中心、学校、便民设施等方面（图 2.17）。

2.4.3 应用情况

中加生态示范区规划面积约 2km²，是由国家住房城乡建设部与加拿大资源部于 2015 年 6 月共同批准并推动建立的示范项目，也是中国唯一一

图 2.18 中加生态示范区鸟瞰图

个中加合作生态示范区。中加低碳生态示范区项目是落实新型城镇化规划，探索资源节约和环境友好城镇化道路的重要实践。它的建设将吸收加拿大建设低碳生态城市的先进经验，为生态城市建设提供良好范例与样板。除了绿色、安全、实惠、灵活外，木材是一种多用途的建筑材料和完全可再生的资源。更重要的是，它对减少城市发展过程中的碳足迹具有显著效果，并且可以在降低有害气体排放方面发挥重要的作用（图 2.18）。

目前已建成地上约 17000 ㎡ 的木结构住宅，是国内最大规模的现代木结构建筑群。木结构建筑示范区由加拿大提供现代化木结构建设的先进技术，加拿大木工协会工作人员到现场参观考察，指导建设。

为保证社区内的居住品质，建筑密度控制既能满足开发商的成本核算，又能最大限度地提高室外环境质量。小区内各地块建筑布局外高内低，建筑组群高低起伏、层次分明，具有丰富优美的天际轮廓线（图 2.19）。

项目明确的功能分区做到了动静、公共私密、洁污分区。住宅内以起居室为活动中心，将用餐、休息等功能分离开来，各自安排相应的空间，减少相互干扰，满足不同功能的需求（图 2.20）。

项目聘请了加拿大 B+H 建筑设计咨询公司指导设计，整个小区在美学建筑上追求以北美民居建筑为代表的加拿大居住建筑风格，无论是多层建筑立面还是低层建筑立面，均追求地道原味的加拿大民居建筑。并借助不同单元立面表情的差异变化，营造温馨、典雅而又充满质感的"北美家园式"生活氛围。

为了更进一步推进中加合作，示范应用低碳节能技术，项目引入了加拿大 Super E® 节能技术。在技术引入前，项目各方结合中加生态示范区项目的实际情况，包括区域的气象环境参数、能源费用情况，中国及天津的相关规范标准，施工图设计，多次召开专题会研究论证，在技术、造价、材料、工期等方面均切实可行（图 2.21）。

图 2.19　中加生态示范区木结构住宅

图 2.20　中加生态示范区体验中心

图 2.21 木结构建筑内部施工照片

2.4.4 应用效果

　　木结构低层住宅作为低碳全景生活社区的主打产品，迎合了生态城居住人群追求环保低碳的生活理念，为居民创造了舒适节能的居住环境，充分验证了先进环保低碳建筑技术与生态城完美融合的应用效果。生态城的木结构科技馆也因为其独特的结构造型吸引着更多的人了解现代木结构，充分展现了生态低碳科技新城的内容及主题。

　　生态城作为现代木结构应用的推广者及实践者，助力住建部联合加拿大木业协会填补国内现代木结构规范、标准的空白，为现代木结构在国内的发展起到了示范作用。第一阶段的 100 座木结构 Super E® 室内木结构住宅，生态示范区枫丹园联排木结构别墅率先运用了该项技术，并顺利通过来自加方严格的气密性测试，被授予加拿大 Super E® 健康住宅证书，节能和健康效果非常显著。

2.4.5 应用前景

　　在未来，生态城会一如既往地积极响应国家住建部的号召，继续推广现代木结构建筑的应用和实践，在低碳生活体验区内已设计建设 2000 ㎡ 木结构住宅，拟在其他地块也设计木建产品。在北美风情商业街区中打造多高层现代木结构建筑，届时将与海博馆遥相呼应，成为生态城旅游观景、临海听风的又一景点。

生态城活跃的房地产市场以及对健康、节能住宅需求的不断增长，为发展装配式木结构建筑提供了良好的契机。因此，加拿大联邦住宅署协同自然资源部，为加拿大供应商、中国开发商和建造商建立合作关系，在中国推广装配式木结构建筑和 Super E® 房屋。

2.5 被动房技术在生态城住宅上的应用

2.5.1 应用背景

随着城镇建筑面积的增加和居民改善室内舒适环境需求的不断增长，我国人均 CO_2 排放量日益增加。建造被动房，将大大降低房屋采暖制冷的能耗需求，从而实现建筑领域的节能减排。

生态城公屋二期被动房项目是世界首个由德国被动房研究所认证的新建高层被动房住宅项目，通过项目实践，进一步完善被动房相关技术。"中新天津生态城被动式建筑关键技术研究与综合示范"为被动房技术在天津乃至全国的推广应用以及被动房相关技术标准的制定提供了借鉴，促进了被动房技术在中国的本土化应用。

2.5.2 技术简介

被动房（Passive House）是在德国 20 世纪 80 年代低能耗建筑的基础上建立起来的，指采用各种节能技术构造最佳的建筑围护结构和室内环境，极大限度地提高建筑保温隔热性能和气密性，使建筑物的采暖和制冷需求

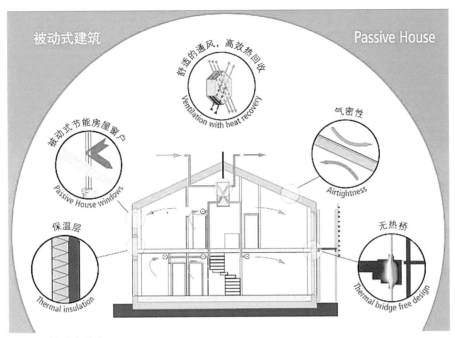

图 2.22 被动房技术图

降到最低，最大限度降低对主动式机械采暖和制冷系统的依赖或完全取消这类设施，是国际认可的一种集高舒适度、低能耗、经济性于一体的节能建筑技术，代表了一种健康、舒适、低能耗的生活方式和建筑标准。其主要实现手段为在建筑方案阶段起即有被动式设计介入，如建筑朝向、建筑体块的确定，窗墙比及开窗方向的选择等，将建筑设计与工程技术融合，相互影响、牵制，结合无热桥设计等技术，最终使建筑能耗降低（图 2.22）。

2.5.3 应用情况

生态城公屋二期被动房项目为 2 栋 16 层高层住宅，建筑总面积约 1.3 万 m²，总户数 103 户（图 2.23）。

1）气密性设计

根据被动房技术原理及 PHI（Passive House Institute，被动房研究所的简称）要求，公屋二期被动房项目将建筑整体作为气密性设计与检测对象。

图 2.23 公屋二期人视图

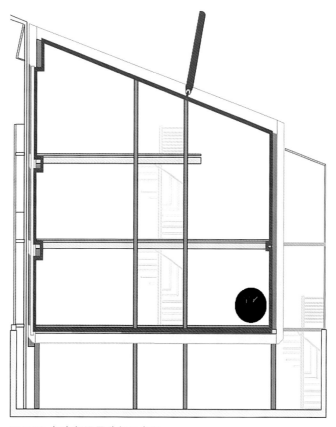

图 2.24 气密保温层分析示意图

住户属于建筑热环境内部的直接供暖区，公共空间属于建筑热环境内部的间接供暖区，一楼设备用房属于建筑热环境外部的非供暖区。

如图 2.24 所示，红线是分割建筑内外部热环境的边界，围护结构必

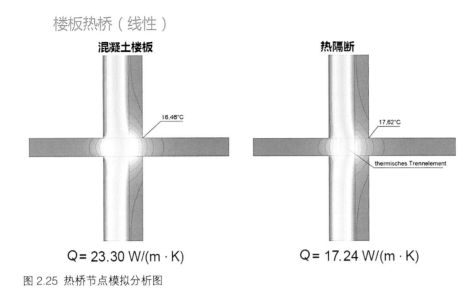

图 2.25 热桥节点模拟分析图

须在此有足够的保温隔热以及气密性措施。被动房标准并不要求在直接供暖区与间接供暖区之间加装保温层，图中黄线部分内墙保温按照天津地方标准实施。

2）高性能围护结构与无热桥设计

围护结构方面，外保温采用 240mm 厚的石墨聚苯板，单层铺设。外窗采用 PHI 认证的铝包木三玻窗，外挂式安装，窗户内外均采用防水透气胶带进行密封处理。东、西、南向设置电动铝合金外遮阳卷帘，结合外窗吊挂在墙体上。对于热桥节点，所有管道出外围护结构均外包与管道相同尺寸厚度保温；所有热桥节点均进行模拟分析计算找出薄弱点进行优化，力求将热桥导致的热损失降至最低（图 2.25）。

3）通风空调系统设计

根据被动房研究所要求，被动房内气流组织形式为从起居室和卧室送入新风，经过就餐区及过道等过渡区，通过厨房、卫生间回风口回风，并与新风进行全热交换，使室内所有房间均纳入气流组织系统中，形成完整的气流组织过程，避免气流交叉。

由于天津夏季潮湿，潜热负荷很大，因此，热回收方面采用高效全热新风换气系统，回收热量同时也对水蒸汽内热量有较好的回收效果，以满足室内的湿度控制需求，风管上设置消声装置以达到德国被动房标准中室内噪声不超过 25dB 的控制要求。基于供暖分户计量的要求，项目采用分户空调设计形式。除户内新风系统外，针对被动房高气密性特点还额外采取了其他通风换气措施以保证楼内空气质量。

2.5.4 应用效果

被动房采用优质的保温隔热材料、密封材料、能量回收的通风换气技术有效降低采暖制冷能耗，建筑节能率达到 90% 左右，比天津市目前实行的四步节能 75% 的节能率又有了大幅度提高，可无需热电站、热网等消耗一次能源的传统集中供热形式，并且减少由于采暖制冷产生的污染物排放。

本项目是世界首个获得德国被动房研究所（PHI）被动房认证的新建高层住宅项目。同时，也是首批由中国被动房联盟认证的被动式超低能耗建筑之一，并已成功申请列入住房和城乡建设部被动式超低能耗绿色建筑示范工程以及天津市节能减排财政政策综合示范城市被动式超低能耗建筑工程（图 2.26）。

2.5.5 应用前景

被动房建筑技术不但将极大地节省能源，使建筑减少对化石能源的依赖，而且房屋寿命可以得到极大的延长，资源与环境可以有效地得到保护。被动房对各项材料、设备技术参数要求较高，大力发展低能耗的被动房，必然会带动房地产和制造业产业链上的企业升级和转型，发展被动房建筑服务业和生产性服务业，进而形成新的产业体系。

被动房作为国际合作、节能减排的典型示范项目，通过其在生态城的推广，不但可促进生态城绿色节能的人居环境发展，同时可促成更多的相关绿色低能耗材料和设备制造单位落户生态城，为将生态城建设成为国际合作示范区、绿色发展示范区、产城融合示范区作出贡献。

Passivhaus Institut

Passivhaus Institut | Rheinstraße 44/46 | D-64283 Darmstadt

Sino-Singaporeean Eco-City

Tianjin, China

Passivhaus Institut
Dr. Wolfgang Feist
Rheinstraße 44/46
D-64283 Darmstadt

Tel.   +49(0)6151 82699-0
Fax.   +49(0)6151 82699-11
e-mail: mail@passiv.de
internet: www.passiv.de

Dr. Berthold Kaufmann, Senior Scientist

Friday, July 1, 2016

Buildtog Passive House residential buildings in Tianjin:

**Tianjin Eco-City South District NO.15 Block Public Housing Phase 2B
building #4 and building #5**

PRE-certification statement and confirmation – Passive House Standard will be reached

Dear Ladies and Gentlemen ,

Passive House Institute hereby confirms that the two residential tower buildings #4 and #5 in Tianjin Eco-City South District No. 15 will be meeting Passive House Standard defined by Passive House Institute, Darmstadt, Germany.

As binding reference for this confirmation statement, the buildings are described in detail in the documents listed here:

- Design and planning drawings for building envelope provided by LDI
- Design and planning drawings for building service provided by LDI
- Design books with detailed information provided by LUWOGEconsult
- PHPP calculation files with detailed parameters of building components as discussed

If and only if the buildings will be realized according to the current design parameters given in the documents and PHPP calculation, the buildings will reach Passive House Standard. Therefore good quality and appropriate supervision on building site is necessary.

Please note: Changes of current design parameters may result in significant changes of PHPP calculation results. Especially air-tightness ($n_{50} \leq 0.5$ $1/h$), heat recovery of ventilation ($\geq 84\%$) and window frame and glazing quality and building service components for heating, cooling and dehumidification have to be chosen carefully. Many of these details have been discussed the last few months. Nevertheless there is some flexibility left for optimization and adaption of parameters, so that building components after tendering can be chosen as appropriate and available.

We are looking forward to the final realization of two very good quality Passive House Buildings.

Sincerely Yours

PASSIV HAUS INSTITUT
Dr. Wolfgang Feist
Rheinstraße 44/46
64283 Darmstadt
Tel. 06151 8 26 99-0
Fax 06151 8 26 99-11

图 2.26 德国被动房研究所（PHI）被动房认证书

第三篇 绿色能源

生态城在指标体系中确定了可再生能源使用率≥20%的目标。为了确保实现该目标，生态城开展了基于气象预报的多种可再生能源系统集中调配关键技术、能源结构优化与可再生能源利用分布图研究等多项可再生能源相关科研课题研究，形成了丰硕的成果。

2010年，生态城管委会向财政部和住房城乡建设部申报可再生能源建筑应用示范城市并获批，获得5000万元中央财政补贴。生态城纳入可再生能源建筑应用示范项目43项，其中住宅16项、公建27项，总建筑面积262.3万㎡，折合可再生能源应用面积200.8万㎡。目前，示范项目均已建成并正常运行，其中：18个项目同时采用太阳能光热建筑一体化和地源热泵技术，建筑面积为58.5万㎡；23个项目采用太阳能光热建筑一体化技术，建筑面积为181.3万㎡；2个项目采用地源热泵技术，建筑面积22.50万㎡。

生态城实施了《太阳能热水系统建筑应用暂行管理办法》，要求居民住宅100%安装太阳能热水系统，公共及工业建筑有生活热水需求的均采用太阳能热水系统，太阳能热水保证率达到80%。截至目前，已建成160余个项目，建筑面积850余万㎡，远超过了可再生能源建筑应用示范城市要求的规模。

生态城在绿色能源应用方面主要采用太阳能光热技术、太阳能光伏技术、风力发电技术、可再生能源站应用技术等。通过全面推进太阳能热水系统，太阳能保证率要求达到80%，实现太阳能热利用替代生态城10.27%总能耗的目标。经过计算，太阳能热水每年可节约标煤5382t，采用地源热泵系统每年节约标煤2165t，可再生能源示范项目每年节约标煤量为7546t，减少CO_2排放18640t，减少SO_2排放151t，减少粉尘排放75t。

3.1 太阳能光热技术应用

3.1.1 应用背景

　　热水是每家每户必不可少的生活资源，据统计，城市民用建筑生活热水能耗约为其建筑总能耗的 20%～30%。天津地区年太阳能辐射量 5770MJ/m² （根据当地纬度倾角），年日照时数 2600h，属太阳能资源较丰富的 Ⅱ 类地区。针对天津地区太阳能资源丰富的特点，生态城颁布一系列设计标准，强制要求所有住宅和有热水需求的公共建筑安装太阳能热水系统。

3.1.2 技术简介

　　太阳能热水系统包括太阳能集热器、保温水箱、连接管路、控制中心和热交换器。其中太阳能集热器是系统中的集热元件，其功能相当于电热水器中的电加热管；保温水箱和电热水器的保温水箱一样，是储存热水的容器；连接管路将热水从集热器输送到保温水箱、将冷水从保温水箱输送到集热器的通道，使整套系统形成一个闭合的环路；控制中心负责整个系统的监控、运行、调节等功能，主要由电脑软件及变电箱、循环泵组成；热交换器主要采用板壳式全焊接换热器，吸取了可拆板式换热器高效、紧凑的优点，广泛用于化工、城镇供热以及太阳能热水系统中（图 3.1）。

3.1.3 应用情况

　　生态城所有居住建筑强制性安装太阳能热水系统。同时根据《中新天津生态城绿色建筑评价标准》要求，太阳能热水系统提供不低于80%的生活热水用量。

1）住宅项目应用

　　以生态城宜禾红橡项目为例，高层采用屋顶集中集热和阳台壁挂相

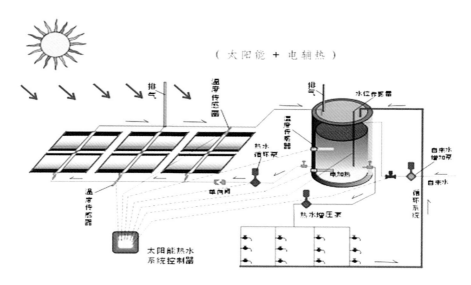

图 3.1 太阳能热水系统的构成

结合的形式，洋房和小高层都采用屋顶集中集热—分户储热的形式。采用太阳能间接换热系统，提供住区的生活热水用量，不足部分辅以电加热。集热器总面积 2058m²，其中屋顶集热器面积 1614m²；阳台壁挂集热器面积 444m²。户内所用电加热水箱容积为 60L。太阳能集热器全年产生热水量约为 27200m³，全年节能量为 1423240kWh，CO_2 减排量约为 1420t（图 3.2）。

2）公建项目应用

天津外国语大学附属滨海外国语学校小学一部太阳能热水系统使用集中式联集管式热水系统方案，设计每天使用热水 9t。太阳能系统用于提供生活热水，总热水用水量为 9t，热水温度为 60℃，系统配备 1 台 9t 水箱，用于储存太阳能热水。太阳能系统采用定温出水与温差循环工作方式对水箱中的水进行加热。集热面积确定与集热器摆放情况：集热器集热面积为 4m²／块，经计算并取整后实际集热面积为 136m²，共计 34 块（图 3.3）。

图 3.2 生态城宜禾红橡项目

图 3.3 天津外国语大学附属滨海外国语学校小学一部屋顶太阳能板

3.1.4 应用效果

　　为更好地阐述太阳能热水系统的综合效益，以生态城商业街项目为例，进行系统全面分析。太阳能与电、煤气、蒸汽效益分析、燃油太阳能加热工程效益分析基本参数如表 3.1 与图 3.4。

　　热力计算：此项目可日产热量 11t 热水，平均温升 46℃的太阳能工程，此工程的预算价格为 50 万人民币，每日所需热量 Q=50.60 万大卡，约需耗电 623kWh，折合人民币 522 元；耗气 225m³，折合人民币 293 元；耗水

基本参数表　　　　　　　表3.1

能源种类	国内平均单位价格	单位能源转化热能	效率
电	0.80 元 /kWh	860 大卡 /kWh	90%
煤气	1.30 元 /m³	3200 大卡 /m³	70%
集中供热蒸汽	85.00 元 /m³	178000 大卡 /m³	90%
柴油	5.30 元 /kg	10200 大卡 /kg	90%

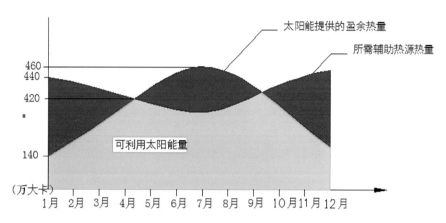

图 3.4 太阳能量及辅助热源能量分析图

全年能量费用一览表　　　　　　　表3.2

项目	日耗能量	日费用	无太阳能年费用	有太阳能年费用	节约费用
电加热器	653kWh	522 元	190530 元	33930 元	156600 元
煤气	225m³	293 元	106945 元	19045 元	87900 元
蒸汽	3.15m³	268 元	97820 元	17420 元	80400 元
燃油	55kg	291 元	106215 元	18915 元	87300 元

蒸气 3.15m³，折合人民币 268 元；耗燃油 55kg，折合 291 元。

按每年 300 个晴天计算，对整个加热系统进行太阳能集热系统的效益分析如表 3.2。

从上面的数据可以看出，太阳能工程可在最快 2 年、最慢 5 年收回成本，太阳能工程的使用寿命是 15 年，经济效益相当明显。

使用太阳能光伏系统还可以减少 CO_2 的排放及燃煤的使用量，在满足经济效益的同时也实现了节能环保的社会效益。

3.1.5 应用前景

太阳能热水系统是生态城可再生能源利用的重要应用技术之一，我国的太阳能热利用技术基本上还处于低温利用阶段，中温利用技术才刚刚起步。随着中高温太阳能集热系统的开发以及太阳能与建筑一体化技术的日益完善，太阳能热水的应用领域不再局限于提供热水，正逐步向取暖、制冷、烘干和工业应用方向拓展，太阳能集热系统市场潜力巨大。国家可再生能源发展"十三五"规划明确了加大可再生能源在我国能源结构中的比例，为太阳能热利用产业发展提供了政策动力，将促进我国太阳能热利用综合应用技术的商业化发展。

3.2 太阳能光伏技术应用

3.2.1 应用背景

天津市太阳能资源较为丰富，具备良好的开发条件。"十三五"期间，继续坚持分布式和集中式并重的原则，充分利用各类建筑屋顶及其附属设施发展分布式光伏，支持结合土地资源和环境条件，因地制宜发展实施屋顶光伏和集中地面电站，积极推进光热发电技术研究和工程应用。

3.2.2 技术简介

通常所说的太阳能发电指太阳能光伏发电，是利用半导体界面的光生伏特效应将光能转变为电能的一种技术。光伏发电技术能够直接将光能转化为电能。在光线照射下，电池内部产生电流，并由金属导体以直流电的形式传导。光伏发电机没有运动部件，所需维护很少。光伏发电不会产生温室气体和其他污染环境的物质，而且光伏发电机的运转也没有噪声。

1）结构

光伏电池通常由两块或多块半导体薄片组成，半导体材料通常是硅。光伏电池模块是建设光伏发电系统的基本单元，通常在 0.5V 电压下只有大约 1.5W，所以多块电池常联在一起，并封装在玻璃壳内形成一个模块电池（电池板）。这样的模块电池不受天气状况的影响，可以抗风雨。单块模块电池在 12V 直流电压状况下，可以产生 10 ～ 80WP(Watts Peak，峰值功率）的电能输出。单块电池的发电量很小，可以将任意数量的模块电池连接起来，达到所要求的电能输出，这是光伏发电系统的一大优势。当现存的系统容量需要扩充时，只需要增加模块电池的数量即可。

由于实际的光照水平通常达不到测试时的水平，所以模块电池的实际输出功率在大部分时间内达不到额定功率。模块电池的电流和功率输出同接收的太阳光强度大致呈线性关系，但是工作电压会随着电池温度的升高而有所降低。因此，模块电池在正午左右阳光充足而气温较低的情况下达到最大的功率输出。

2）规模

独立的户用光伏电源（之后简称为 SHS）系统由一个小型的 10 ～ 20WP 模块电池构成，并配有配电箱和输电电缆，适用于输电网没有覆盖的地区。最简单的 SHS 提供的电能完全可以使 1 ～ 2 盏低压水银灯每天工作 2h。较大的 SHS 可以提供电视或收音机工作的电能。

集中式光伏系统可以通过一个小型输电网为整个区域供电。一套标准的光伏电池阵列系统不仅可以提供 100 户家庭的照明和电视用电，而且可以供给路灯和公用建筑所需要的电能。这样的系统通常配备了变流器以保证将主干路的标准电流配送到各终端用户。

3.2.3 应用情况

生态城共建设了 5 个较有代表性的典型光伏发电项目,分别为公屋、中央大道光伏发电项目、北部高压带光伏发电项目、污水厂光伏发电项目、服务中心停车场光伏电站。

1)公屋屋顶发电项目

生态城公屋项目均在屋顶设置有太阳能电池板,以满足住户的日常用电需求。

2)中央大道光伏发电项目

生态城中央大道光伏发电站,坐落在中央大道西侧绿化带,建设规模 5485kW,使用 24000 余块多晶硅太阳能电池板;沿线 6km 的 1000 余朵太阳花造型的光伏阵列面与点缀在其间的向日葵相映生辉,是生态城可再生能源利用的展示窗口(图 3.5)。

3)北部高压带光伏发电项目

生态城东北部高压带光伏发电站,坐落在生态城东北部高压走廊附近,光伏电站建设规模 3740kW,占地面积 $8.4hm^2$,使用 14000 余块多晶硅太阳能电池板,采用双层连排安装形式,整体效果气势磅礴,是生态城首个

图 3.5 中央大道光伏发电项目

图 3.6　北部高压带光伏发电项目

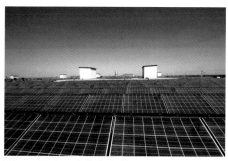

图 3.7　污水厂光伏发电项目

大型集中式并网光伏场站（图 3.6）。

4）污水厂光伏发电项目

　　污水厂光伏发电项目位于生态城营城污水处理厂，利用污水处理厂氧化沟盖板上方空间建设太阳能光伏发电工程，项目装机容量780kW（图3.7）。

5）服务中心停车场光伏发电项目

　　生态城服务中心光伏停车场装机容量 400kW，其太阳能电池板作为构件安装在停车棚顶以及侧面，与停车场整体结构浑然一体。停车场采用了多种类型的太阳能电池，包括发电效率较高的单晶硅和多晶硅组件，以及不受阴影遮挡影响的非晶硅电池材料和柔性太阳能薄膜材料，将停车场光伏的发电效率提升至最大（图3.8）。

图 3.8 服务中心停车场光伏发电项目

3.2.4 应用效果

生态城指标体系中规定全区可再生能源利用量占总能耗的比例不得低于 20%，其中光伏发电是重要的组成部分，为生态城可再生能源指标作出了重要贡献。同时也让生态城居民享受到了可再生的清洁能源，减少了环境污染，提升了居民生活品质。光伏项目总装机容量 11520kW，年发电量将达到 1380 万 kWh，足够生态城内 6000 户居民一年的生活用电。每年平均上网电量 1400 万 kWh，可节约标准煤 4452t，减少 CO_2 排放量 12757t，减少 SO_2 排放量 62.50t、氮氧化物 40.7t、烟尘 16.6t。中央大道、服务中心停车场等 5 个典型光伏发电项目全部获批为国家金太阳示范工程项目，获得了国家建设补贴资金。

3.2.5 应用前景

光伏发电是近年来国内发展速度最快的可再生能源利用方式，近 10

年来，随着中国企业进入光伏产业，光伏组件发电效率持续提升，生产工艺不断改良，推动生产成本和供货价格逐年下降，电站投资成本也随之下降，光伏产业进入蓬勃发展的快车道。天津市地区光伏电站标杆电价由每千瓦时 0.95 元下降到 0.65 元，自 2018 年 5 月 1 日起，在此基础上再降低 0.05 元。预计在 2023 年之前，光伏发电可实现平价上网，进而成为继火电、水电、核电之后，又一种可市场化交易、具有竞争力的能源供给形式。

按照生态城总体规划，区内土地规划性质以居民住宅、办公商业、公建设施为主导。生态城具备一定体量和规模的屋顶资源，包括公建、商业、办公楼、厂房等，具备发展分布式光伏项目基础条件。鉴于生态城屋顶单体面积普遍较小，更适合进行连片开发，同时通过与信息化、智能化深度融合，实现远程监控、无人值守，降低运维成本。

3.3 风光互补路灯技术应用

3.3.1 应用背景

太阳能和风能在时间上和地域上均有很强的互补性，其在时间上的互补性使风光互补发电系统在资源上具有最佳的匹配性。风光互补发电系统是资源最好的独立发电系统，解决了单一可再生能源供能不稳定问题。随着社会的进步和城市的发展，道路照明质量也相应得到很大提高，这使得它成为最消耗能源的一种城市公共设施。生态城有丰富的风能及太阳能资源，路灯作为户外装置，两者结合做成风光互补路灯，无疑给国家的节能减排提供了一个很好的解决方案。

3.3.2 技术简介

风光互补路灯主要由风力发电机、太阳能电池组件、灯杆、控制器、蓄电池、光源组成（图 3.9）。

风光互补路灯产品具备了风能和太阳能产品的双重优点，无风有阳光时可通过太阳能板来发电；有风无阳光时可通过风力发电机来发电；风光都具备时，可以同时发电，所发电能储存在蓄电池中，运行时通过蓄电池为光源提供电力，使光源发光。路灯开关无须人工操作，由智能控制器自动感应外界光线的明暗变化自动控制。

3.3.3 应用情况

生态城已建成起步区永定洲全部道路的风光互补路灯工程，道路长度约 4.20km，路灯 195 基；国家动漫园约 7km 道路的风光互补路灯工程，约 300 基；北部产业园运河中路约 1.20km 的风光互补路灯，约 60 基。总计约 12km 道路，500 多基风光互补灯（图 3.10、图 3.11）。

1）风力发电机

微风风力发电机与传统风力发电机相比，最大特点就是轻风启动，微风发电。该风力发电机的启动风速仅为 1.50m/s，发电风速为 2.50m/s，而传统风力发电机的这两项数值则分别是 3.50m/s、4.20m/s。在极端恶劣自然条件下，普通风力发电机的轴承使用 4 年左右就会出现大面积磨损，而微风风力发电机采用微摩擦、起动力矩小的磁悬浮轴承，可实现 15 年免维护。

2）智能控制器

在产能方面，使用嵌入式微电脑芯片，实现风能和太阳能组合互补输入；在用能方面，根据光伏组件电压判断天明与天黑，自动控制亮灯、熄灯，亮灯时间可固定设置；具有防止蓄电池过充过放保护功能；能够智能跟踪发电特性，提高能源利用率；结构紧密，性能稳定，适应如寒冷、潮湿、高温等恶劣天气；实时监控及对系统各部件实行自动保护（光伏反接、输入 / 输出过流、过压欠压、超风速飞车等）。

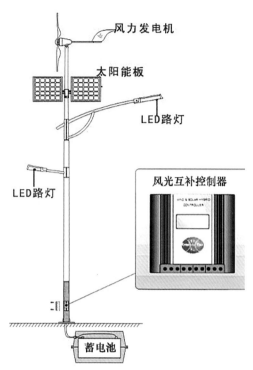

图 3.10 国家动漫园风光互补路灯

图 3.9 风光互补路灯系统结构示意图

图 3.11 永定洲风光互补路灯

3）太阳能电池组件

太阳能电池片采用优质单晶硅电池片，平均转化效率超过 17%；表面透明性好，玻璃采用低铁钢化玻璃，透光率大于 92%；坚固耐用，组件设计寿命不小于 25 年，由抗老化和耐气候性好的优质材料热压密封而成，镀锌铜质电极材料作为接线柱，抗风能力为 40m/s。

4）防水胶体蓄电池

正常使用情况下，防水胶体蓄电池浮充寿命可达 5 年；自放电率极低，在 25℃室温下静置 28 天，自放电率小于 1.8%；密封性能好，全密封防水防潮，可长期埋入地下；性能优良，采用独特的合金配方和铅膏配方，在低温下仍有优良的放电性能，在高温下具有强耐腐蚀性能；安全可靠，防爆排气系统能够避免蓄电池在非正常使用时由于压力过大造成电池外壳鼓胀的现象。

风光互补路灯应用经济测算（单位：元） 表 3.3

	项目名称		常规市电路灯	风光互补路灯
1	照明安装工程（含主材）		18 万	93.2 万
2	电缆铺设	120V 高压电缆	25 万	0
3	（含主材）	50V 低压电缆	7 万	0
4	变配电设备工程（含主材）		35 万	0
5	土建安装工程		15.4 万	15.4 万
6	路灯总造价小计		100.4 万	108.6 万
7	单杆造价小计		2.51 万	2.71 万
8	10 年期维护费用		20 万	7.56 万（含工程中）
9	10 年期电费		41.6 万	0
总计	10 年内路灯建造、运行总费用		164.5 万	118.9 万

3.3.4 应用效果

以 10 年投资期，在 1km 次干道上架设 40 杆路灯为例计算经济效益如表 3.3。

由此可见：

（1）以次干道 1km 道路工程为实例，在投资造价上基本对等。

（2）新能源风光互补路灯的维护费用是普通路灯的 37%。

（3）10 年内路灯运行总费用新能源风光互补路灯低于普通路灯 33%。

生态城目前共计建设风光互补路灯约 500 基，覆盖道路长度约 12km，每年可以省电 50 万 kWh，可减少 186t 标准煤，减少 CO_2 排放 439t，减少 SO_2 排放 56t，减少烟尘排放 21t，环保效果显著。

3.3.5 应用前景

由于太阳能与风能的互补性强，风光互补发电系统弥补了风能与光能独立系统在资源上的间断不平衡、不稳定问题。可以根据用电负荷情况和资源条件进行系统容量的合理配置。风光互补路灯作为一种新型的技术，在太阳能新能源以及风光互补的性能下，具有成本低、性能可靠、绿色环保等特点。未来很多地方将会使用风光互补新能源、大功率 LED 照明灯具产品，具有广阔应用前景。

3.4 多种可再生能源综合利用技术应用

3.4.1 应用背景

可再生能源包括太阳能、光能、风能，河流、波浪和潮汐的动能，地下水、污水中的热能等。水利水电已经大量开发，商业化的生物质发电工程不断建成，风能发电技术日益成熟，太阳能技术已在我国得到广泛利用。生态城的建设区别于以发展工业为特征的园区建设，是以加强节能减排、建设生态宜居城市为主题，探索低碳可持续发展道路的全新尝试。生态城指标体系要求到 2020 年实现 20% 的可再生能源使用率和百万美元 GDP 碳排放 150t CO_2 的目标，对节能和可再生能源利用都提出了很高的要求。为实现指标体系的要求，动漫园能源站围绕"可再生能源站"实行了系统优化和预警机制等多方面的研究，应用多种可再生能源技术，更好地满足生态城的能源需求，促进生态城可持续发展。

3.4.2 技术简介

1）冷热电三联供技术

三联供系统由燃气内燃机发电机组和烟气热水型溴化锂机组两大主要设备组成。内燃机以天然气为燃料，通过燃烧做功带动发电机发电，做功后的高温烟气驱动烟气热水型溴化锂机组吸收烟气余热，夏天制冷，冬天制热。三联供系统使天然气的能源利用效率提高到 80% 以上，有效实现了一次能源的梯级利用。该技术以天然气为主要燃料带动燃气内燃发电机运行，产生的电力满足能源站内部分机组的用电需求，系统排出的废热通过烟气余热溴冷机组回收利用，向用户供热、供冷。

2）地源热泵技术

地源热泵系统由室内地源热泵机组和室外地埋管换热器两部分组成。冬天通过室外地埋管获取土壤中的热量，向建筑物供热；夏天通过室外地埋管获取土壤中的冷量，向建筑物供冷，实现能源的再生循环。地能分别在冬季作为热泵供暖的热源和夏季空调的冷源。

3）水蓄能技术

动漫园各楼使用性质主要为办公，在考虑采用地源热泵技术的同时，结合了水蓄能技术。在夏季、冬季夜间电力低谷时段，向蓄水罐蓄冷、蓄热，在高峰电价时段放冷、放热，在响应政府号召、削减电力高峰负荷的同时，也降低了运行费用。

4）光伏发电技术

动漫园 2 号能源站采用了光伏建筑一体化（Building Integrated PV，缩写为 BIPV）的独特外形设计，光伏幕墙和生态城服务中心停车场光伏发电系统分别为能源站提供 70kW 和 400kW 的电力，并入 400V 低压电网，作为能源站用电的补充。

3.4.3 应用情况

动漫园 2 号能源站是国家动漫园的能源中心，紧邻生态城服务中心西侧，建筑面积 4157 ㎡，是生态城能源综合利用的示范项目。它综合采用了冷热电三联供、地源热泵、水蓄能和光伏发电等技术，向动漫园 24 万 ㎡ 的建筑物供冷供热（图 3.12）。

图 3.12 动漫园 2 号能源站

1）冷、热、电三联供技术的应用

三联供系统为一台燃气内燃发电机组，发电功率 1480kW，排烟温度 387℃，循环水温度 97～70℃；一台溴化锂烟气热水型余热吸收机组，制冷量 1465kW，冷水温度 6/13℃，制热量 1600kW，热水温度 47/37℃。余热经过充分利用后排烟温度可达 65℃，热水温度 70℃。发出的电用于能源站设备运行，也可以提供给其他用户使用，冷、热经站内系统统一分配给各个用户末端使用。通过对燃气能源的梯级利用，利用率可达 80% 以上。

2）地源热泵技术的应用

根据天津地区气候特点及该项目现场条件，动漫园 2 号能源站采用土壤源热泵系统。采用 2 台地源热泵机组，每台制冷量 3550kW，冷水温度 6/13℃，制热量 4100kW，热水温度 47/37℃。该机组同时具备蓄能工况，夏季冷水温度 4/12℃，冬季热水温度 65/55℃。在作为夏季冷源和冬季热源的土壤中，一共布置了 DN32 双 U 型 PE 管的换热井 1400 口，井深 120m，占地面积约 4 万 ㎡。这些井全部铺设在动漫园景观区域内，充分利用市政景观绿化地带，节省土地资源。对地表浅层能源的利用清洁环保，与传统空调系统相比，每年可节约运行费用 40% 左右（图 3.13）。

3）水蓄冷技术的应用

水蓄能系统设置 4 台 750m³ 的蓄能水罐，与地源热泵联合使用。夏季蓄冷能力 24300kWh；冬季蓄热能力 45700kWh。通过水蓄能系统，可实现地源热泵高效运行，同时利用峰谷电价差实现对电力负荷的削峰填谷，降低运行费用。为调节制冷高峰负荷，能源站安装了 2 台 4100kW 的电制冷冷水机组用于调峰。

4）光伏发电技术的应用

能源站采用了光伏建筑一体化（Building Intergrated PV, BIPV）的独特外形设计，光伏幕墙提供 70kW 的光伏电力，作为能源站用电的补充。

此外，项目设计有一整套完善有效的监测控制系统，通过各种条件下的数据分析，预测运行的负荷率，系统自动选择某一时段的最优运行工况，

图 3.13 动漫园 2 号能源站地源热泵系统

使能源系统优化组合，在满足当天总冷或热量时，达到最低能耗状态或最小运行费用的最佳运行模式，来向用户提供冷、热以及电能，最终使能源站运行达到经济、节能、环保的目的（图3.14）。

3.4.4 应用效果

动漫园2号能源站对多种可再生能源的综合利用，清洁环保，无任何污染，与传统空调系统相比，每年可节约运行费用40%左右。

该系统年发电量约为508.60万kWh，以火电机组发电标准煤耗为319g/kWh（2017年全国平均值）换算，可替代1775t标煤，扣除输电损失按8%计算，可节省266t标煤。利用发电余热供热1042万MJ，利用发电余热供冷1213万MJ，以燃煤低位热值22.41MJ/kg、电制冷能效（COP）4.5计算，利用余热供热、供冷还可节约667t标煤。地源热泵系统年节约标煤406t。与火力发电和燃煤供热相比，该项目每年节约标准煤共1339t，年可减排烟尘1.0t，减排CO_2 3562t，减排SO_2 32t，环境效益十分可观。

动漫园2号能源站作为光电建筑一体化示范项目获得国家住建部、财

图3.14 动漫园2号能源站内部

政部的资金补贴，获得天津市经信委、财政局电力需求侧管理专项资金补贴；申请市科委科技支撑项目 1 项，滨海新区科委重大科技支撑项目 1 项。

3.4.5 应用前景

动漫园能源站综合利用燃气三联供、余热吸收、水储能、地源热泵、光伏幕墙等多项先进技术，进行集中调配与优化运行，多种可再生能源的研究和应用为其他工程项目作出了典范，成为多种可再生能源站建设的标杆。多种可再生能源互补供能系统通过集成示范取得了一定成果并应用推广，最终实现了多能互补供能系统的模块化和标准化，具有很好的发展前景。

第四篇　海绵城市

2016 年 4 月，天津市获批国家第二批海绵城市建设试点。生态城成为全市两个国家级"海绵城市"建设试点片区之一，试点面积 22.8km²，其他区域也要参照海绵城市标准进行建设。主要工作包括如下四部分：

一是建立了完善的组织机构和建设管理制度。成立了海绵城市建设领导小组和领导小组办公室，由建设局牵头，形成多部门参与的联动工作机制。在建设管理方面，生态城将海绵城市建设要求纳入"两证一书"，并在设计方案、施工图、项目验收阶段，增加了海绵城市的审查环节。在运营维护方面，生态城正在组织编制海绵城市设施运营养护标准。

二是编制了系统化的实施方案，保障规划落地实施。在海绵城市专项规划基础上，生态城依据自然地貌、排水管线建设等条件，将 4 个汇水分区细化到 15 个排水分区，编制了系统化的实施方案。按照项目实际需求，确定近期改造项目及新建措施，制定远期建设目标。坚持源头削减、过程控制、系统治理的技术路线，依据控规确定各地块海绵城市的建设目标，并在下一步规划建设过程中严格把控。

三是以排水分区为单元，整体推进海绵城市建设。目前，生态城已经有 4 个排水分区海绵城市建设完工，占地面积约 14km²，占试点区域面积的 60%。其他排水分区正在抓紧施工，其中华夏未来小学、中部片区生态谷、美韵园住宅小区等项目已经建成，具备了良好的示范效果。

四是开展了监测评估工作。进一步完善监测体系，利用现有的水质、水位等监测设施，通过在线、人工等方式采集相关数据，为海绵城市建设情况提供数据支持。同时，搭建了海绵城市管理监测平台，实现了对海绵城市运行的管理、监测、展示等功能。

在规划建设之初，生态城就设立了非传统水源利用率 ≥ 50% 的建设目标。为达到指标要求，生态城积极开展海绵城市建设专项规划、海绵型建筑与小区技术、海绵型道路与广场技术、海绵型公园与绿地技术、监测与管理技术等专项研究工作，并结合项目进行了探索实践，取得了良好的效果。

4.1 海绵城市建设专项规划应用

4.1.1 应用背景

为保证生态城的海绵城市建设工作能够科学、合理、有序地开展，亟需编制海绵城市建设专项规划。通过对当地海绵城市建设条件进行分析，提出海绵城市建设的总体格局以及水安全、水资源、水环境、水生态等方面的规划策略，根据不同地区的特点，提出分区管控目标和建设指引，做好与总规、控规以及给水、排水、水系、绿地等各项规划的衔接工作，协调好海绵城市建设与城市经济社会发展的关系，为今后相关工程的开展提供指导和依据。

4.1.2 技术简介

海绵城市专项规划结合生态城海绵城市建设条件，提出生态城海绵城市建设分项目标和指标，共分为水生态、水安全、水资源、水环境、制度建设及执行情况和连片示范效应6大部分。

针对当前海绵城市理念全面推广和天津市基础条件，生态城海绵城市专项规划确定目标与问题"双导向"的技术路线。具体分为七个部分，按照项目进展深入，依次包括现状调查、要素分析、目标确定、生态安全格局、海绵城市系统、建设指引和保障机制。

4.1.3 生态城的应用情况

生态城将低影响开发和雨水利用的理念纳入指标体系和总体规划中，以指标和规划引领海绵城市建设。根据总体规划和指标体系，生态城制定了《中新天津生态城基础设施专项规划——再生水专项规划（2008-2020

年）》《中新天津生态城基础设施专项规划——雨水专项规划（2008-2020年）》《中新天津生态城海绵城市建设专项规划（2016-2030年）》等一系列专项规划。

通过上述专项规划明确了生态城海绵城市建设思路，其中着重强调了雨水资源利用和雨水净化，并根据各汇水分区实际情况，分别制定建设目标和措施，将海绵城市建设要求分解至各地块。目前，专项规划深化已经通过专家评审，作为海绵城市建设管理的依据投入使用。此外，为了更好地推动生态城海绵城市建设，生态城牵头编制了《中新天津生态城海绵城市建设试点实施方案》《中新天津生态城海绵城市设计方案专篇内容要求（暂行）》《中新天津生态城海绵城市施工图规划审查要点（暂行）》等文件，用于指导生态城海绵城市建设有序推进。

4.1.4 应用效果

结合非传统水源利用率≥50%的建设目标，生态城围绕海绵城市专项规划，打破了传统的直线式水资源利用模式，按需水性质及用量优化配置，多元化开发可供利用的水资源、水库水及部分优质地下水供居民生活用水，对水质要求较低的工业生产用水及绿化灌溉等由再生水或海水脱盐水补充，同时充分利用污水处理厂深度处理后的尾水及涵养的雨水为城区内各大小水体补水，成功地解决了不同需水单元可靠的供水配置，实现了水资源优化，有效地提高了非传统水源利用率。

截至 2017 年年底，生态城海绵城市试点片区 22.80 km² 内已启动 49 个试点项目，其中完工项目 9 个、在建项目 20 个、在设计项目 20 个，已完成投资 8.5 亿元，其中中加生态示范区一组团、二组团、三组团和天津宝龙 4-4 地块等项目均采用源头削减＋过程控制＋末端处理的方式，实现雨水的渗、滞。生态城的建筑与小区、广场与公园、市政道路、城市水系等均按照海绵城市建设标准展开建设，在建设过程中，生态城总结出了一套具有本地特色的海绵城市建设管理机制，并将全面推广。

4.1.5 应用前景

建设具有自然积存、自然渗透、自然净化功能的海绵城市是生态文明建设的重要内容，是实现城镇化和环境资源协调发展的重要体现，也是文明城市建设的重大任务。海绵城市专项规划对城市水生态系统、水安全系统、水环境系统以及水资源系统进行合理布局，并将海绵城市建设总体目标进行分解，可以为海绵城市建设的实施提供技术支持。编制海绵城市建设专项规划对指导海绵城市工程建设具有重要意义及应用前景。

4.2 海绵型建筑与小区技术应用

4.2.1 应用背景

我国城市建设蓬勃发展，但建设中的大量土地硬化铺装，使原有水系被围填用于基建，河道硬化、污水直排等普遍现象导致水的自然循环规律被干扰，径流发生变化，水生系统被割裂，生物多样性减少。海绵型建筑与小区技术是建设海绵城市的重要组成部分，遵循因地制宜的原则，在小区与建筑的海绵建设中充分考虑雨水的收集、利用和排放，打造生态宜居社区。

4.2.2 技术简介

海绵型建筑与小区技术主要为控制径流总量、径流峰值和径流污染，兼顾雨水资源化利用。按主要功能一般可分为渗透、储存、调节、转输、截污净化等几类。按海绵城市处理雨水的先后顺序又归纳成三大类，分别是用于收集雨水的"收水措施"，用于涵蓄、储存、过滤雨水的"蓄水措施"，及如何有效利用雨水的"用水措施"。

4.2.3 应用情况

生态城将海绵城市的各项指标作为规划审批的必备条件，使用不同开发阶段项目审批与海绵城市建设相结合的管理方法，在海绵型建筑与小区技术应用方面，开展了生态城初期雨水污染控制技术研究与示范，完善初期雨水高效处理工艺系统设计与运行管理成套方案。颐湖居、美锦园等建设项目集径流控制、污染削减、回收利用于一体，兼顾景观和海绵功能，为海绵建筑小区项目建设提供了成熟的案例参考。

颐湖居项目位于生态城生态岛片区南部，占地面积 15.28hm²，建筑面积 22.46 万 m²。项目分为洋房区和别墅区两部分，设计年径流量控制率达 76%。项目共划分了 19 个排水分区，各分区内根据下垫面条件，合理布置透水铺装、下沉式绿地、雨水花园、雨水桶等海绵设施，实现雨水径流的有效控制，确保场地雨水达标后排放到静湖（图 4.1）。

透水铺装设置于洋房区的人行道、广场，以及东侧别墅区中轴景观带，面积 1.80 万 m²，主要采用透水砖，净化雨水并实现"小雨不积水"（图 4.2）。

下沉式绿地设置于小区道路两侧和洋房区建筑周边，面积 3.2 万 m²，具有雨水调蓄和净化功能（图 4.3、图 4.4）。

雨水花园设置于别墅区中轴景观带，面积 158 m²，种植多种适生植物，

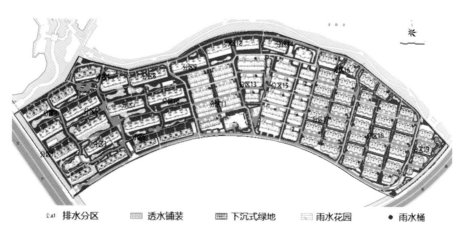

图 4.1 颐湖居海绵设施布局

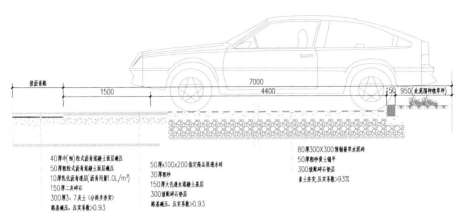

图 4.2 颐湖居生态停车位设计图

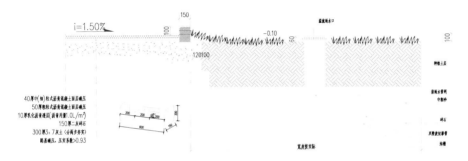

图 4.3 颐湖居车行道路与下沉式绿地设计图

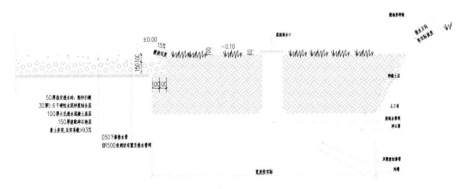

图 4.4 颐湖居人行透水砖与下沉式绿地设计图

兼顾景观效果和雨水调蓄功能（图 4.5）。

美锦园项目位于生态城起步区，建设用地面积 6.6hm²，建筑面积 11.0 万㎡，包括 19 栋高层住宅及 3 座小型配建。项目年径流量控制率达 75%，年 SS（Suspended Solids，悬浮颗粒物）总量去除率达 66%。

项目分为 18 个排水分区，各分区内布置雨水花园、下沉式绿地等海绵设施，可实现雨水径流的源头削减；超标雨水通过设置于上述海绵设施内的溢流口进入小区雨水管网；同时通过合理的竖向组织，利用小区园路设置的控污型雨水口、紧邻建筑和道路的下沉式绿地及雨水花园净化雨水（图4.6）。

　　小区室外绿化内设置雨水花园，面积800m^2，对雨水径流进行控制并起到净化的作用（图4.7）。

　　小区室外绿化内设置下沉式绿地，面积3480 ㎡，对雨水径流进行控制并起到净化的作用，兼顾景观效果（图4.8）。

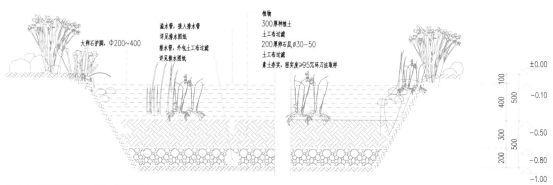

图4.5 颐湖居雨水花园设计图

图4.6 美锦园小区

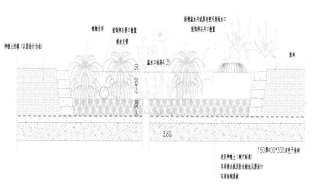

图4.7 美锦园干垒砖坡雨水花园设计图

图4.8 美锦园下沉式绿地实景及设计图

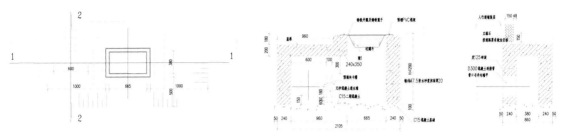

图 4.9 美锦园控污型雨水口

小区内部道路上设置控污型雨水口，数量 153 个，收集净化道路雨水，兼顾向雨水花园转输雨水（图 4.9）。

4.2.4 应用效果

生态城制定了再生水、雨水等专项规划。通过专项规划明确了生态城海绵城市建设思路，其中着重强调了雨水资源利用和雨水净化，并根据各汇水分区实际情况，分别制定建设目标和措施，将海绵城市建设要求分解至各个地块。

生态城的建筑与小区按照海绵城市建设标准开展建设，在建设过程中，生态城总结出了一套具有本地特色的海绵城市建设管理机制，在组织机构、管理制度、建设方案等方面进行了一系列探索和创新，因地制宜利用雨水资源，降低城市运营成本，创造显著的经济、社会和环境效益，如在公建项目设置雨水集中收集利用设施，在住宅项目鼓励设置小型、简易且易于养管的雨水罐等设施，为居民利用雨水提供便利。

4.2.5 应用前景

海绵型建筑与小区技术可广泛应用于场地建设、建筑建设、小区道路建设、小区绿地建设等方面，应用时充分考虑与景观相协调，在有效控制雨水径流量的前提下提升景观品质，打造生态宜居城市。同时能够实现"环境保护"和"水资源节约"双赢，可为推动生态城"海绵城市"建设提供可靠的技术支撑。

4.3 海绵型道路与广场技术应用

4.3.1 应用背景

海绵型道路与广场除了满足基本的使用功能以外，还充分利用道路、广场及周围的空间，建立一套能够收集、蓄存、净化雨水的体系，形成一个小的海绵系统，能够对初期雨水进行源头控制。海绵型道路与广场技术优势主要体现在以下几个方面：一是缓解城市内涝，回补地下水源；二是减轻市政管道压力，节约绿化带灌溉成本和市政管道造价；三是由单一目标控制的管道排洪防涝转变为兼顾径流污染控制、水土保持、生态修复、美化环境等多重目标的控制。通过海绵型道路与广场技术应用，可以保护和改善城市生态环境，充分发挥道路与广场对雨水的吸纳、蓄渗和缓释作用，加大雨水径流的源头消减，使城市开发建设后的水文特征最大限度地接近开发前的状态。

4.3.2 技术简介

海绵型道路与广场技术具有促渗、截留、调蓄等功能，在构建海绵型道路与广场时，因地制宜地利用 LID（Low Impact Development，低影响开发模式）设施，对 LID 设施及其组合优化设计，研究海绵城市道路与广场的特征，确定最佳的横断面布置型式，根据不同系统特点，采用不同的 LID 设施以及方法，从单个系统的海绵构建到整个大系统的海绵形成，统筹规划，合理建设，解决海绵城市建设面临的一系列问题。

4.3.3 应用情况

在海绵型道路与广场技术应用方面，开展了道路雨水净化调蓄系统研究，研发一套可有效解决上述问题的道路雨水净化调蓄系统，其中包括冬季道路融雪剂隔离技术、夏季道路雨水调蓄技术、面源污染净化技术等。在海绵城市试点项目中，生态城建设的海绵型道路与广场项目效果突出，其中甘露溪、起步区道路海绵化改造工程等项目，在市政道路雨水收集、下沉式绿地、透水铺装、截污型雨水口、植被缓冲带、雨水湿地等方面具有良好的示范效果。

甘露溪是生态城的重要生态廊道，项目东西长 750m，南北宽 120m，占地面积 8.90hm²，其中景观水系面积 1.06hm²，分为东西两个地块，地块中间是景观水系，水系周边以绿地为主。项目年径流总量控制率达 85%，年 SS 总量去除率达 60%。同时，在该项目中，开展了市政道路雨水收集进入绿地试验工作。

该项目的海绵城市建设方案以景观水系为中心，整体地形由外向内逐步降低，使绿地、园路、广场的雨水汇入场地中间。项目采用下沉式绿地、透水铺装、截污型雨水口、植被缓冲带、雨水湿地等海绵设施对雨水进行净化，雨水径流最终汇入景观水系，体现了"源头减排、过程控制、末端治理"相结合的系统控制思路（图 4.10）。

源头减排类设施包括下沉式绿地、透水铺装和截污型雨水口。广场、停车场、人行道等主要采用透水混凝土铺装，面积 16000m²，园路的雨水口采用截污型雨水口，从源头削减雨水径流污染（图 4.11）。

过程控制类设施主要指植被缓冲带。植被缓冲带布置于景观水系周边，通过植被拦截及土壤下渗作用减缓地表径流流速，在汇流过程中使大部分区域的雨水得到净化，汇入景观水系用于生态补水，满足径流总量与径流污染控制的要求（图 4.12）。

末端治理类设施包括跌水景观水系和雨水湿地。项目东侧地块构建梯次跌水的景观水系，并建设雨水湿地，在末端净化水体，并加强水系的内部循环，提高水体自净能力。

起步区道路海绵化改造工程主要在对起步区范围全部市政道路上的约 2000 个雨水口增设特殊设计的截污挂篮。截污挂篮分为上下两部分，上部挂篮长 600mm，宽 300mm，侧面及底部开孔，孔径 8mm，靠过滤作用截留 8mm 以上的大颗粒物；挂篮两侧设计为不同的高度，一侧高 250mm，一

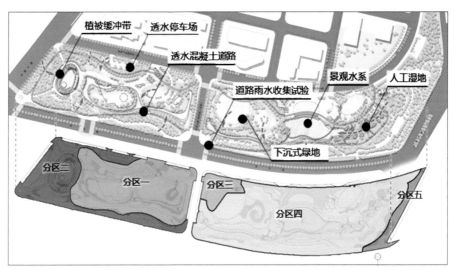

图 4.10 甘露溪海绵设施布局

图 4.11 甘露溪海绵设施全景

图 4.12 甘露溪植被缓冲带

图 4.13 起步区道路海绵化改造——截污挂篮

侧高 350mm，使底部形成斜坡，有效防止堵塞，增加过水能力。下部挂篮长 620mm，宽 320mm，底部开孔，孔径 1.5mm，依靠过滤和黏附作用截留 1.5mm 左右以上的小颗粒物。挂篮顶部设置溢流区域，过流能力不小于现状雨水口；侧壁从上部往下倾斜，保证排水安全（图 4.13）。

4.3.4 应用效果

针对海绵城市建设和水资源综合利用的迫切需求，生态城开展了海绵型道路与广场技术应用方面的研究，有效解决了道路高含盐融雪水进入绿地、影响植物成活率的问题，同时对道路雨水进行储存、调蓄、净化，有效提高道路项目的年径流总量控制率以及污染物削减率，为实现生态城非传统水源利用率 ≥ 50% 提供技术支撑。

4.3.5 应用前景

海绵型道路与广场技术应用前景广阔。构建海绵型道路与广场，不仅能够有效地排除雨水、防止内涝、充分利用水资源，还能够解决当前传统型道路与广场面临的自然特性缺失等诸多问题，是适应当代人类生活的新选择。

4.4 海绵型公园与绿地技术应用

4.4.1 应用背景

城市公园作为城市中重要的生态服务功能用地，规划设计应响应国家关于建设自然积存、自然渗透、自然净化的"海绵城市"政策，节约水资源，保护和改善城市生态环境。在城市绿地建设中应用雨水收集系统等海绵型公园与绿地技术，降低市政排水管道的雨水排放压力，并实现水的循环利用，是建设海绵城市的重要措施。

4.4.2 技术简介

海绵型公园与绿地技术，即利用绿地滞留和净化雨水，回补地下水，建立城市"绿色海绵"系统。主要包括恢复河漫滩、建立雨洪公园、降低公园绿地标高、沿路设计生态沟、在社区建立雨水收集绿地等多项措施构成自然生态调节系统。经过改造的城市公园绿地会成为雨洪水的滞留区，形成"绿色水库"。

4.4.3 应用情况

生态城在海绵型公园与绿地技术应用上，落实了源头减排、过程控制、系统治理等设计要求，充分体现了海绵城市的建设理念。通过合理布局各项海绵设施，可同步实现雨水径流总量控制、污染控制和雨水资源收集利用。生态城已建设的海绵型公园与绿地项目中，第一社区中心公园项目具有良好的可行性和示范性。

第一社区中心公园项目位于生态城起步区，占地面积 1.50hm²。通过布设透水铺装、卵石沟、蓄水池、水景、中心绿地等设施，形成了高效的雨水径流控制系统。项目年径流总量控制率达 80%，透水铺装率达 77.60%（图 4.14）。

第一社区公园在海绵设计时，利用场地高差，将社区中心雨水引入公园。公园 90% 道路采用透水铺装，净化并下渗雨水。公园中心设置绿地对社区中心雨水滞蓄截污（图 4.15）。

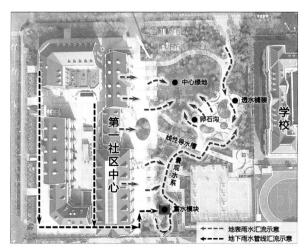

图 4.14 第一社区中心公园海绵设施布局

图 4.15　第一社区中心公园绿地——雨水滞蓄截污

图 4.16　第一社区中心公园卵石排水沟

图 4.17　第一社区中心公园线性导水槽

图 4.18　惠风溪景观河道公园

　　道路两侧设置卵石排水沟，雨水汇集、净化后经雨水管网导流至蓄水池，为景观水体进行补水（图 4.16）。

　　部分道路设置线性导水槽将场地雨水汇聚至公园水系；公园水系兼具调蓄和景观的功能（图 4.17、图 4.18）。

4.4.4 应用效果

　　生态城广场与公园按照海绵城市建设标准展开建设，在建设过程中，生态城总结出了一套具有本地特色的海绵城市建设管理机制，并将全面推广。生态城将持续推进其余海绵型公园与绿地技术应用试点项目，提升"海绵"规模和质量，打造海绵城市建设示范样本。

4.4.5 应用前景

　　应用海绵型公园与绿地技术，不仅能够有效地消纳自身雨水，还可以为蓄滞周边区域雨水提供空间。在国家大力提倡建设海绵城市的背景下，海绵型公园与绿地技术的应用具有广阔的前景。

4.5 监测与管理技术应用

4.5.1 应用背景

各类海绵体基础设施和城市水文监测数据是城市基础数据的重要组成部分，这些数据需要保证观测密度，需要长期积累及数据挖掘利用才能体现其价值，在此过程中，水文模拟仿真技术的应用必不可少。海绵城市建设过程建管并举，监测与管理技术应用的重要性凸显，对海绵城市的建设规划、运行管理、绩效评估阶段均具有一定的支撑和指导作用。平台在现有监测设施的基础上，按照海绵城市建设要求，适当增设各类监测设施，并对监测数据进行整合分析，集中展示海绵城市建设效果。

4.5.2 技术简介

监测与管理主要分为建设管理、监测监视、模拟评估、PPP（Pulic Private Partenership，政府和社会资本合作）项目管理、公众信息反馈、海绵相关文件6部分。建设管理子系统主要是对建设项目海绵城市建设和资金使用情况进行管理；监测监视子系统将各监测设备的数据进行收集、整理，及时发现存在的问题，并通过对监测数据的整合分析，检验海绵城市建设的成效；模拟评估子系统主要对海绵城市建设效果进行线上评估，以海绵城市数学模型为驱动，围绕年径流总量控制率、年SS总量去除率、城市暴雨内涝灾害防治，以及不同建设节点的建设效果进行模拟评估；PPP项目管理子系统实现对PPP项目的综合管控；公众信息反馈子系统主要是处理公众对生态城海绵城市的意见和建议。

4.5.3 应用情况

在监测与管理技术方面，开展了天津生态城跨区水系水污染控制与治理综合示范研究，为水系统的工程建设项目提供科技支撑和工程示范。生态城按照海绵城市建设要求，进一步完善了监测体系，通过在线、人工等方式采集了相关数据，为海绵城市建设情况提供数据支持。同时，搭建了海绵城市管理监测平台，系统实现海绵城市的管理、监测、展示等功能（图 4.19）。

建设管理子系统主要是对海绵城市建设项目的运行和资金使用情况进行管理。建设项目管理包括项目名称、类型、实施进度、海绵城市建设指标、海绵设施类型和数量等基本信息，同时储存了项目的海绵城市设计方案、施工图、设计审查和验收评价、施工过程和竣工影像等资料。资金使用管理主要是对项目投资总额、资金使用、专项资金拨付等情况进行管理，确保中央专项资金使用安全、规范、及时，地方配套资金配套到位（图 4.20）。

监测监视子系统将各监测设备的数据进行收集、整理，及时发现存在的问题，并通过对监测数据的整合分析，检验海绵城市建设的成效。该子系统基于二维 GIS 平台，由现场监测设备、数据传输网络、监测数据管

图 4.19 生态城海绵城市监测平台

图 4.20 生态城海绵城市监测平台——建设管理子系统

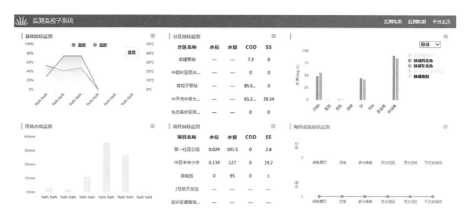

图 4.21 生态城海绵城市监测平台——监测监视子系统

理服务器等组成，监测数据类型包括基本气象、水文地质、河湖水系、排水分区、建设项目、海绵设施等。监测数据可通过两种方式进行展示，一是监测地图展示，即在电子地图上展示各类监测点的位置、主要监测指标数值、指标近期变化趋势等；二是监测数据图表展示，即以图表形式全面展示各类监测指标的数值大小、历史变化趋势等（图 4.21）。

模拟评估子系统共包括"径流总量控制率""SS 去除率""暴雨内涝灾害防治""建设滚动评估"4 个菜单项。其中"径流总量控制率""SS 去除率"菜单项可实现各片区这两个考核指标的评估计算及结果展示，包括各片区的降雨模拟评估结果及管控单元的地表径流过程；"暴雨内涝灾害防治"菜单项可实现各片区积水内涝的评估计算及结果展示，可在地图区展示各区域的最大积水水深和内涝面积；"建设滚动评估"菜单项可实现不同时间节点的各片区上述 3 项考核指标的模拟对比，在评估对象列表区和地图区分别展示模拟对比结果（图 4.22）。

PPP 项目管理子系统实现对政府和社会资本合作项目的综合管控，该子系统目前正在结合生态城 PPP 项目实施方案逐步完善。

公众信息反馈子系统主要是处理公众对生态城海绵城市的意见和建议。公众可以通过生态城海绵城市建设展示网页进入，了解生态城海绵城市建设情况，包括海绵城市概述、海绵城市规划、典型项目介绍、相关政策、大事新闻等内容，并留下意见和建议。海绵城市管理工作人员可在管理监测平台上处理公共反馈的信息。

图 4.22 生态城海绵城市监测平台——模拟评估子系统

4.5.4 应用效果

生态城将监测与管理技术应用于海绵城市建设上，成功搭建海绵城市管理监测平台，在现有监测设施的基础上，按照海绵城市建设要求，适当增设各类监测设施，并对监测数据进行整合分析，集中展示海绵城市建设效果。

平台实现了对海绵城市建设和资金使用情况的管理，对监测设备数据的收集、整理、分析，对海绵城市建设效果的线上评估，对 PPP 项目的综合管控，以及对公众意见、建议的处理。并将国家、天津市、生态城发布的海绵城市相关政策法规、规范标准、规划、会议纪要、宣传报道等文件分门别类进行了整理，供管理工作人员使用。

4.5.5 应用前景

海绵城市监测与管理技术具有一定的应用前景，可应用于城市水安全、水环境、水资源、水生态的治理保护和开发利用等智慧管理方面。通过自动和远程监测技术、通信及计算机网络技术、空间地理信息技术、物联网技术、云计算技术的综合利用，能够实现海绵城市建设系统信息化管理、自动化监测、实时化调度、科学化决策、网络化办公、规范化服务。

第五篇　智慧城市

2013 年，生态城通过了住房和城乡建设部组织的专家评审，成为首批国家智慧城市试点。生态城认真借鉴新加坡"智慧国"经验，强化顶层设计，组织高水平的技术团队，精心编制了智慧城市发展规划，着眼智慧经济、智慧政务、智慧民生三个战略方向，确定了生态城智慧城市建设计划，确保建成后广大企业居民可享受到全方位的智慧生活体验。目前，生态城已启动 16 个项目，CIO（Chief Information Officer，首席信息官）制度建设已形成初步工作方案。

一是推进智慧城管建设，提升城市管理水平。结合智慧城管行动计划，2016 年完成了"城管地图＋管理软件＋调度管理＋网格化监督＋应急响应"融为一体的智能化城市管理平台方案设计。目前，生态城编制了城市管理地图，启动了起步区公园、道路等设施的核对工作，保障城市运维数据的真实可靠。编制完成城市管理预算软件，组织各专业公司开展调试试用。

二是建设生态智能公交系统，提高公交管理智能化水平。生态城根据智能交通发展需求，已布设 60 个智能电子站牌，6 个未来公交站亭；上线生态城交通手机 APP（Application，应用），目前软件累计下载量已超过 20000 次，每日使用人数近 400 人，实现了亲民、便民、利民的目标，受到居民的一致好评。完成公共交通智能化管理系统建设，初步实现计划编制管理、系统资源管理、报表统计、公交监控调度、客户移动端查询等功能集成建设，有效提升了生态城公共交通管理服务水平。

三是推动"互联网＋政府服务"，进一步提高办事效率。生态城推动"互联网＋政务服务"工作，实现网上审批大厅开通运行，实现 PC、APP、微信等多渠道应用。截至 2017 年，累计线上访问 4.5 万人次，办理事件同比增加 22%。升级地理信息系统，持续更新各图层数据，为 9 个部门提供 100 余项地图和数据服务。电子沙盘项目取得阶段性进展，编制完成三维数据，启动软件平台建设。

在智慧城市建设方面，生态城积极探索使用新技术，包括动态安全风险管控系统及信息化平台在城市安全管理方面的应用、智慧管理系统在智慧公益产业发展中的应用、高精度室内定位技术在养老领域的应用、RFID（Radio Frequency Identification，射频识别）技术在新零售领域的应用、物联网技术在智慧电梯的应用等，为智慧城市的发展提供技术支撑。

5.1 智慧城市专项规划应用

5.1.1 应用背景

生态城在区域建设之初就将智慧城市建设作为探索绿色发展和可持续发展模式的重要手段之一。一方面积极探索将国际先进技术在中国落地，并总结成果经验；另一方面在智慧城市领域坚持不断探索、创新与实践，率先提出了感知、通联、洞察和体验的脉动城市的理念，明确了 CIO 机制在推动智慧城市建设中的重要作用，创新研发了基于统一地理信息的城市数据汇聚平台。

5.1.2 技术简介

生态城建设了数据汇聚平台，该平台以统一的地理信息为基础，已汇聚了建设、经济、环境、能源、城市管理、城市运维等领域 55 类数据，综合了 14 期年度序列的影像数据、9 期实景数据、2 期倾斜摄影测量数据以及各种专业图层 20 余类，实现了生态城全域覆盖。在此基础上进行初步数据分析和信息挖掘，形成了及时反映城市交通、环境、能源、城管四个方面城市脉动特征的数据分析模型，以及数据共享标准规范。

5.1.3 应用情况

已建成生态城智慧中心（信息大厦），以中心为依托绘制生态城城市画像，实现生态城全局态势掌控，进行脉动应用展示；同时，全面梳理生态城标准化服务流程，生成智能决策指挥指令；并在此基础上延伸生态城城市管理业务应用，进一步推进智能交通、智能基础设施、智能环保、智慧政务等智慧领域的纵向延伸及横向关联服务。

逐步搭建起以城市指标体系、数据运营平台、资产运营平台、标准流程体系等为核心的全套产品服务体系，为智慧城市可持续发展提供了强有力的支撑，形成智慧城市建设运营服务的可推广、可复制的服务模式，并基于产品化理念向全国范围复制推广（图5.1）。

生态城公用事业运行维护中心占地10000 ㎡，建筑面积20000 ㎡，2012年4月开始建设，2013年5月8日竣工试运行。中心主要承担生态城公用设施的运行监控、维修维护、应急抢险、用户服务、指挥调度任务，为生态城居民和企事业单位提供公用事业综合服务。在设施运维方面，通过调度大厅的64面67英寸的DLP（Digital Light Processing，数字光处理）显示屏和30个调度席位，对城市供水、供气、供热、新能源、道路、桥梁、排水、绿化、路灯、环卫、垃圾气力输送、公交、通信、污水处理、

图5.1 生态城智慧中心（信息大厦）

图 5.2 生态城公用事业运行维护中心外观图

图 5.3 生态城公用事业运行维护中心调度大厅　　图 5.4 智能灯杆

再生水、水系管理等 16 个市政公用专业实施运行监控、指挥调度、维修维护和应急抢险（图 5.2、图 5.3）。

生态城首批将设置智慧路灯杆 379 组（合作区 175 组、旅游区 204 组）。先期围绕起步区打造中新大道、中生大道 - 海博道、中津大道 - 海旭道、安正路 4 条示范道路。全部智慧灯杆 2018 年 7 月完成安装并投入使用。智慧路灯杆除了进行基础照明，还将具备显示屏信息发布、交通路况监控、安防监控、语音报警求助、WiFi 热点发射、空气质量监测、电动车充电、公共广播播报、城市噪声监测、道路积水监测等 10 项智慧功能。

生态城智慧路灯杆（图 5.4）将配置室外无线网络热点，为路灯杆周边提供高速可靠的无线 WiFi 接入服务；同时配置电子显示屏，可发布广告信息和公众服务信息，其发布内容可单屏控制也可多屏联动；球形高清摄像头，可对路口的人脸、汽车牌照、交通违规进行识别，为交通、安防提供有效辅助；还有报警系统，路人遇到突发紧急状况可按路灯上的报警按钮，报警人可通过摄像头和扬声器与控制中心工作人员描述警情，方便运维中心根据现场状况作出判断。网络扬声器则可通过灯杆进行公共广播，方便运维中心与现场的即时双向语音沟通，并且预留 5G 接口，为生态城智慧城市 5G 信号的普及应用提供基础条件。智慧路灯杆搜集到的各类信息都将统一汇总到生态城运维中心，为"智慧生态城"提供实时数据。

5.1.4 应用效果

运维中心自投入使用起，将市政公用行业的道路、桥梁、供水、燃气等 16 个专业重新整合集成，实现市政公用全专业信息化管理、全时段运行监控、全方位即时调度融为一体，对城市基础设施实施集成化智能管理，初步构建起生态城市政公用专业的运行大数据中心，实现了全面覆盖生态城的基础设施运行监视、监测、监控，实时掌握基础设施运行状况。生态城运维中心调度大厅还通过与统一受理的客服热线进行联动，实现了工单接收、问题分析、工单派发、快速调度、及时处理、信息反馈、满意度调查的闭环式工作链，保证公用事业高标准的优质服务。

5.1.5 应用前景

生态城智慧城市的建设是以国际最佳智慧城市建设经验为蓝本，结合智慧城市在不同时期的发展趋势，坚持规划先行，不断思考总结制订出一套贯穿生态城十年发展历程的、具有国际领先标准的智慧城市发展战略。下一步生态城将继续推动互联网思维融入智慧城市建设中，形成聚集发展态势，带动大数据、云服务、智能设施等产业实现大发展，努力构建具有竞争力的现代化产业体系。生态城把智能产业作为未来产业的主攻方向，以智慧城市建设为提升城市内生发展动力，以打造创新智能经济高地和"繁荣宜居智慧新城"为标杆，为滨海新区以及整个北方地区的智慧发展提供宝贵经验和示范作用。

5.2 动态安全风险管控系统及信息化平台在城市安全管理方面的应用

5.2.1 应用背景

生态城为了维护公共安全，提高在社会治安防控、事故灾难防御、防灾减灾等方面的能力，开展了公共安全风险评估来对风险发展趋势进行前瞻性的判断，有利于及时发现安全隐患并及时处理。将生态城"宜居"的理念，由生理可感知的物质环境发展至心理得到的安全感。

5.2.2 技术简介

通过确认评估单元的事故风险清单，根据各种事故风险进行叠加获得评估单元的整体风险。评估单元的安全风险由基准风险和可变风险组成，如表 5.1 所示。

安全风险组成　　　　　　　　表 5.1

风险类别		确定根据
安全风险	基准风险	5 年以上的行业安全事故统计资料或行业安全专家
	可变风险	安全管理水平、危险源或危险作业数量与规模、关键设备和设施的安全等级和受影响人员数量等

依托安全专家经验，筛选出各行业／领域的主要影响因素，将影响因素转化为数值不等的调节系数，通过调节系数与基准风险相乘获得动态事故风险值，将各事故风险值相加获得评估单元的整体动态风险值（图 5.5）。

同时将安全风险评估成果进行信息化处理，建立了城市动态安全风险管控平台。平台对各企业的危化品储量、危险场所人数、危险作业数、建筑高度、施工人数和分项分部工程危险性等敏感性指标进行收集分析，预

图 5.5 城市安全风险管控平台登录界面

测出企业安全风险发展趋势。通过对各敏感性指标的动态监控和警戒值的设立，可自动计算出企业、行业和生态城整体的安全风险，从而实现城市安全风险的动态监测和管控。

5.2.3 应用情况

生态城和国家安监总局研究中心运用新开发出的动态安全风险管控系统对生态城进行了整体风险评估，取得了较好的效果。该系统为生态城安全生产管理部门、相关行业和企业实时了解生态城整体、行业和企业的安全风险现状与变化情况，为城市安全管理提供可靠、及时的决策依据打下了坚实的基础。

2018 年 1 月生态城城市安全风险管控平台系统上线，该系统通过加快信息技术与安全生产的深度融合，全面提升了区域内安全生产风险管控、应急预警的信息化水平。城市安全风险动态监控平台能实现展示、关联和智能决策三项功能，可实时展示生态城重大风险、重大危险源和行业安全风险空间分布图，既能通过二维图像展示安全风险的空间分布和等级，又能对重大危险源和重大风险实现三维展示。

此平台已进入试用改进阶段，开始逐步推广至行业主管部门及相关企业。之后，动态风险管控体系建设信息化系统的手机端 APP 也将上线试运行，未来在公众场所将张贴分类分级系统的二维码，全面推动安全风险认知普及工作（图 5.6）。

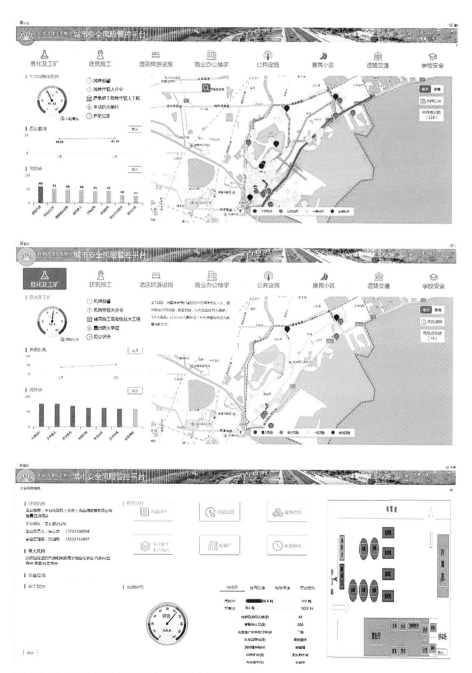

图 5.6 城市安全风险管控平台三级信息展示界面

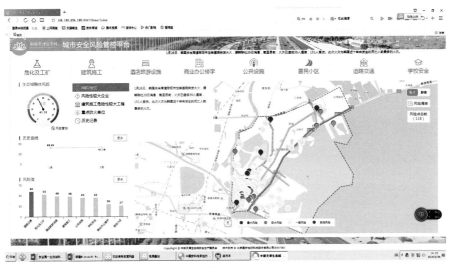

图 5.7　城市安全风险管控平台风险预警功能

5.2.4 应用效果

生态城始终致力于提升城市发展和服务水平，通过智慧城市综合应用中心、智慧城市大数据平台等项目，推动城市发展。城市安全动态风险管控系统能够直观了解各个板块内监管场所的基础数据和所在的方位，让相关部门对监管场所做到全方位的了解。同时，信息化系统可对红色、橙色安全风险进行公告警示，督促各行业主管部门和生产经营单位采取措施降低安全风险。预警功能方面，可以实现季节和恶劣天气预警、全国其他城市发生事故预警、历史事故预警等多重预警功能（图 5.7）。

城市安全风险管控大数据平台的建成，不仅可缓解城市安全管理人手不足等问题，还能加强对监管对象及区域安全的有效监控，确保无死角、不留盲点，促进部门联动协调，提高辖区企业、居民的安全意识和防范技能以及自救能力，保障居民生命、财产安全。

5.2.5 应用前景

风险评估不仅是对已知风险的分析，更重要的是要前瞻性地考察风险的变化趋势以及可能出现的新的风险类别和性质。要根据城市最新形势发展变化，不断查找公共安全风险评估的空白，组织专业机构定期、不定期开展风险评估工作，并使之成为政府的常规管理职能，随时更新动态风险管控平台相关数据，及时反馈风险变化的信息，持续优化改进风险评估。生态城开发的动态安全风险管控系统可推广至滨海新区其他功能区、天津市各区以及其他城市，作为城市安全风险管控的一种新的重要工具。

5.3 智慧管理系统在智慧公益产业发展中的应用

5.3.1 应用背景

社会组织创新发展需要科技力量的支持。探索"智慧公益"发展模式，采用智慧管理系统，专注于服务非营利机构联系人，受到国内众多有影响力的基金会、社会团体及社会服务机构的认可，以"大数据"为智慧公益产业发展提供科学依据和参考。

5.3.2 技术简介

智慧管理系统为专注服务公益组织提供信息化的解决方案。通过创新设计、技术与数据力量，帮助公益组织解决筹款、传播、活动与数据管理等方面的问题。系统整合了表单、邮件、短信等多种功能，能有效帮助机构积累联系人资源（合作伙伴、志愿者、粉丝、用户、帮扶对象等），发掘数据背后的更大价值。通过智慧管理系统，无需掌握复杂的 IT 技术，就能实现联系人的收集、整理、使用，达成精准传播，深度培养潜在的伙伴关系。该系统适用的场景有联系人管理、预约报名、反馈收集、简报发布、筹款、项目管理等（图 5.8）。

图 5.8 智慧管理系统简介

5.3.3 应用情况

生态城中福乐龄服务社自 2017 年 9 月开始引入"灵析"智慧管理系统，目前已收集联系人 4531 人，发布活动 69 次，建立了生态城独特的"长者活动参与库"和"志愿者库"。智慧管理系统与微信公众号相关联，通过微信实现活动报名、发布活动通知、志愿者报名、志愿者信息注册、志愿者服务时长累计、志愿者服务时长通知、善款捐赠通知、捐赠项目进展情况跟踪等功能，为社会组织与被服务者以及服务提供者提供"零距离"的桥梁，使社会组织工作高效推进，同时参与者也可实时了解活动、项目进展情况，提高公益组织慈善透明度。

智慧管理系统主要功能包括：

1）联系人
支持收集、管理联系人信息（图 5.9）。

2）表单
可在线创建活动报名表等各类表单，用于调研、活动报名、招聘、志愿者征集、捐赠等情境。表单数据可以同步至联系人数据库，逐步形成丰厚的活动参与人员库、志愿者库、人力资源库、Newsletter 订阅库、捐赠人库等（图 5.10）。

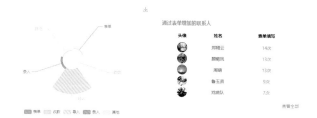

图 5.9　批量导出联系人数据

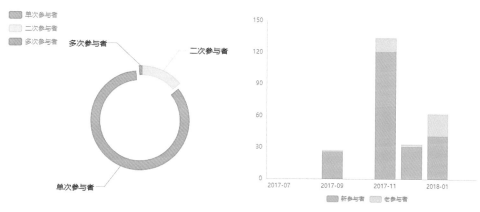

图 5.10　智慧管理系统表单　　　　　图 5.11　智慧管理系统短信

3）短信

　　智慧管理系统支持短信群发，且能智能替换联系人名字（图 5.11）。

4）微信

　　绑定微信，可用手机调取联系人信息。可与微信服务号连通，支持捐赠、志愿时查询等相关服务，实现高效传播和管理。

5）数据安全

　　保障数据传输及存储安全。通过严格的权限操作，保障安全，各部门之间既可以分享数据，又可以对核心数据进行保护。

　　在智慧管理系统统计数据的基础上，中福乐龄服务社积极探索"时间银行"的运作体系，以微信公众号为基础，开发"时间银行"运营程序，实现"长者或志愿者时间消费—服务时间存储—以存储时间购买服务—再存储—再购买"的良性循环，通过科技手段促进长者积极参与社会活动，参加志愿服务，发挥积极价值，带动实现积极老龄化、成功老龄化。

5.3.4 应用效果

智慧管理系统为生态城社会组织的运营管理提供了极大的便利，为精简社会组织人员、提升工作效率提供了有力的解决路径，促进机构工作方便、快捷、高效、透明地进行。同时，为社会公益组织探索模式创新提供了科技支持及平台。

5.3.5 应用前景

依靠科技手段实现社会组织规模化发展，探索智慧公益模式是中国社会组织发展的必然道路，也是社会组织发挥其在国家治理、政府治理和社会治理中价值的能力体现。智慧管理系统以及中福时间银行系统的研发、使用及推广，具有一定的复制性和区域推广能力。

5.4 高精度室内定位技术在养老领域的应用

5.4.1 应用背景

近年来，随着我国人口老龄化问题的日趋严峻，养老问题成为一个亟待解决的社会难题。我国医护人员与病患及需要护理或养老人员的比例严重失衡，如何探索新型的养老模式，是一个极具社会意义的课题。在众多养老模式及多层面的探索中，新型科技成果及产品的应用是一个重要的方向。

目前，高精度室内定位技术的应用主要在工业工程领域，室内定位技术在医疗养老领域的应用市场初具规模，新型养老机构采用较高，多采用 WIFI（Wireless Fidelity，无线保真）、蓝牙技术，基本实现了人员看护的功能，但由于定位精度较差，使用效果一般，且定位精度很难满足更深层次的养老需求。高精度的 UWB（Ultra Wide Band，超宽带）室内定位技术弥补了这一缺陷，不仅实现了较好的看护效果，且为基于高精度定位这一基础的深层次养老看护技术开发提供了途径。基于高精度定位分析人员位置活动规律，从而进行精准看护服务；基于精准时空位置采集健康数据并进行健康大数据分析，从而提升健康评估的准确性或康复情况评估的准确性等。例如，基于高精度定位＋可穿戴心率监测，可在后台预判，在人员心脏病发作或老人跌倒时进行精准救护。

5.4.2 技术简介

室内定位技术是相对室外卫星定位技术发展起来的技术，近年来技术发展日臻成熟，主要在GPS（Global Positioning System，全球定位系统）、北斗等卫星覆盖不到或者不能穿透的建筑体内进行较高精度的人物定位，定位技术多达十余种，包括视觉、无线信号、惯导、超声波等室内定位技术，其中绝大多数是基于无线信号的定位技术，是主流的室内定位技术。各种定位技术各具特点，无线信号定位技术的定位精度也高低不一，从5m左右到0.1m甚至更高，其中最高精度的技术是基于超宽带信号（UWB）的定位技术，精度可达厘米、分米级。

其原理主要是基于超宽带脉冲信号（UWB信号）的传输飞行时间来精准测量固定定位基站和待测物（佩挂移动定位终端，也称为定位标签，简称标签）之间的距离，通过匹配室内地图、在后台服务器用高精度的定位算法解算出待测物位置，其中定位算法为其核心技术。系统架构如图5.12所示。

5.4.3 应用情况

生态城中福乐龄养老体验中心应用了高精度室内定位技术，覆盖面积

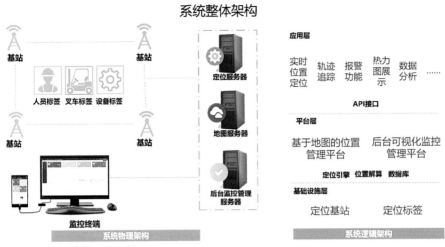

图 5.12 UWB 定位系统架构

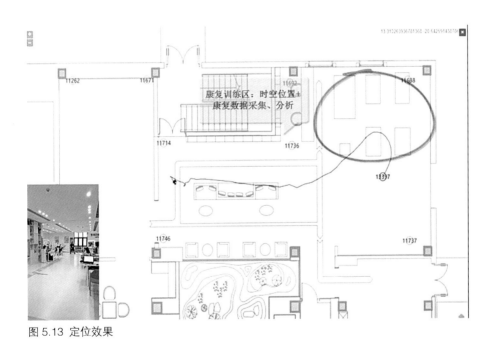

图 5.13 定位效果

近 1000 m²，实现了覆盖区域内人员的实时高精度定位、轨迹实时查看或回放、一键呼叫、电子围栏等功能。后续将进一步进行基于"精准定位 +"的养老技术开发，解决深层次养老需求（图 5.13）。

5.4.4 应用效果

多源信息融合定位技术和移动网络协作定位，在进行室内定位数据信号处理方面处于国际领先水平。生态城中福乐龄养老体验中心在科技养老领域应用了高精度室内定位技术，在促进系统成本降低的同时，保证甚至提升了精准度及稳定性。

5.4.5 应用前景

技术成果适用范围广泛，解决了 UWB 室内定位技术应用场景受限、难以全覆盖定位的缺陷，在医疗养老、智慧社区及园区、司法监所、智慧防务、智慧工厂、AR（Augmented Reality，增强现实）等领域有着很好的应用，具有一定的社会和经济效益。

随着云计算和物联网进程的不断加速，网络规模越来越大，结构越来越复杂，全面的系统防护愈发困难。为保障数据安全，需在复杂的网络环境中，根据应用需求，在规模、粒度、位置、时间和信赖程度等多个方面建立安全的网络路径和子网络。基于数据安全性的网络防护技术尤为必要，具有可观的应用前景。

5.5 RFID 技术在新零售领域的应用

5.5.1 应用背景

在国内外，由于无人零售行业处于起步和快速发展阶段，包括 RFID、人脸识别、智能视觉识别等在内的各种物品技术都在这个领域内被尝试，并寻找着各自技术的应用定位。

目前，国内外主要的无人零售类项目中使用二维码、RFID、智能视觉识别技术进行物品识别的技术对比情况如表5.2。

国内外智能识别技术对比情况表　　　　　　　　表5.2

项目落地时间	项目名称	物品识别技术
2016 年 12 月	Amazon Go	智能视觉识别
2017 年初	Easy Go	RFID
2017 年 4 月	小麦铺	二维码
2016 年 8 月	缤果盒子	RFID
2017 年 8 月	天虹 Well Go	RFID
2017 年 2 月	快猫 TakeGo	智能视觉识别
2017 年 10 月	京东 X 便利店	智能视觉识别
2017 年 10 月	京东 X 超市	RFID
2016 年底	小 e 微店	二维码
2017 年 7 月	阿里无人超市	RFID+ 智能视觉识别

从表5.2可以看出，上述三种物品自动识别技术在实际落地的项目都有应用。应用比例基本相似，其中大概有30%～50%的无人零售项目中的物品识别技术采用了RFID技术。

从实际使用效果看，二维码技术成本最低，但只能用于办公室等内部封闭场所，而且是销售方便面、零食类的低价商品时。智能视觉识别尽管技术较先进，但还不算成熟，尤其在客流量大时容易发生识别错误。RFID技术比较成熟，可以适用于有一定价值商品的商品零售（如高档水果、酒类等），可以部署在写字楼、医院、学校等半封闭环境。

5.5.2 技术简介

射频识别是一种自动识别技术。RFID通过无线射频信号获取物体的相关数据，并对物体加以识别。RFID技术无须与被识别物体直接接触，即可完成物体信息的输入和处理，能快速、实时、准确地采集和处理物体的信息。

RFID电子标签包含RFID芯片和天线，RFID芯片用来存储物体的数据，天线用来收发无线电波。电子标签的天线通过无线电波将物体的数据发射到附近的RFID读写器，RFID读写器就会接收物体的数据，并对数据进行处理。RFID无须人工干预，可以工作于各种恶劣环境，可以同时识别多个目标。

5.5.3 应用情况

新型零售的应用在生态城已经起步，目前生态城已经有了采用RFID技术的京东无人超市项目。

生态城的京东无人超市是京东在天津布设的第一家无人超市，位于动漫园悦读馆，建筑面积170m^2，陈列着食品、饮料、日用百货等800多种单品，应用了人脸识别、行为抓取、智能选址、智能定价、智慧货仓、无人收银等技术（图5.14）。

图 5.14　京东无人超市

5.5.4 应用效果

在生态城内适当的场所部署开放式无人零售机以及无人超市可以提高生态城工作人员和居民的生活便利性，在一定程度上可以改善居住和工作环境，同时也降低了部署传统无人零售机的成本。

5.5.5 应用前景

基于 RFID 和人脸识别技术的开放式无人售货机由于成本低、可销售商品种类丰富、易于部署等特点,具有较好的应用和推广前景。在半封闭的办公场所内部署,如写字楼的公共部分,以写字楼内各公司员工或来访人员为服务对象,为服务对象提供日常工作生活需要的各类小件商品,如办公用品、早点加餐、冷鲜食品等,可以节约服务对象购买日常小件商品的时间成本,提供更好的服务和办公环境。而同样基于 RFID 技术的无人售货机成本低、部署灵活,可以部署在写字楼、学校、小区、医院等半封闭场所,可以为公司员工、居民、学生提供传统的无人售货机不能提供的商品,如水果、糕点、冷鲜品等。

5.6 物联网技术在智慧电梯中的应用

5.6.1 应用背景

近几年随着电梯行业的快速发展,电梯事故随之增多,电梯事故除了与电梯产品自身设计、安装及使用方式存在问题有关之外,电梯维保存在的缺陷也是事故主因。按照国家规定,电梯维保单位应该有专门的季度保养、半年保养和年度保养。现有的保养体系,维保人员不能根据每部电梯的使用频率或故障发生率来提供有针对性的保养。因此,在智慧电梯中应用物联网技术,独立于电梯自有系统来统计电梯运行及使用频率的方法,可给维保人员提供精细维保的参考,给电梯使用单位提供电梯的维保时间等信息。随着国家质监总局政策的驱动,电梯物联网是发展的必然趋势。

5.6.2 技术简介

物联网技术采用一体化安装的方式，无需再额外加装其他物理采集点（例如红外线或磁传感器等），并且无需连接电梯本身的控制系统或主板等设施来获取数据，它对电梯运行信息的采集完全依赖于自身的传感器，不会对电梯的正常运行造成任何影响，且具备自我学习功能，设备能够根据电梯自身的运行状态自我调整。

5.6.3 应用情况

生态城在美林园小区试点运行了 54 部"智慧电梯"，这也是智慧电梯首次在国内住宅小区完整应用。居民在乘坐电梯时，可扫描电梯内的二维码了解电梯维保、检验等信息。一旦发生被困电梯情况，乘梯人员可使用电梯轿厢内的 4G 高清摄像头进行视频通话，提高救援效率，减少救援时间。通过采集到的电梯运行数据，可以对电梯进行有针对性的维护保养，提高维保质量。管理单位通过黑匣子抓取电梯运行异常数据，可对电梯数量、故障隐患情况等信息进行综合统计分析，对电梯维保超期、检验超期等情况进行预警，方便物业保修与电梯维保单位运维（图 5.15）。

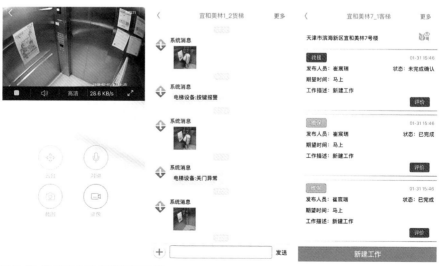

图 5.15 美林园小区宜和智慧电梯

5.6.4 应用效果

生态城智慧电梯方案采用物联网、智能技术、无线通信、信息化等技术手段对电梯实时运行状态、维保单位工作过程以及工作质量进行有效的监督和管理，把电梯运行风险、电梯维保工作落到实处。通过物联网能力提供综合服务（管理 + 监管 + 服务），采用物联网技术手段，对电梯安全、维保工作、应急救援、公众服务等进行全面的管理和服务，不仅可以保障长期运行，还可以保证监管和服务的良好效果。电梯物联网综合服务模式，可以对电梯维护保养工作实施全过程监督以及风险防控与预警，从而提升电梯维护保养质量，推进主体责任落实具有积极作用，同时也是对行政监管力量的重要补充，有助于推进电梯安全的社会综合治理。

5.6.5 应用前景

物联网技术在智慧电梯的应用，通过综合服务平台对各方提供其所需的服务：政府部门可以获取电梯各项数据信息以及相关单位信息的统计报表输出；物业公司通过平台可以随时监管电梯实时运行状态、故障记录等信息并且对所管辖的电梯实行集中式监管以降低工作成本；维保公司应用信息化工作手段，提高工作质量，避免弄虚作假，最终整体提升电梯行业的管理水平及服务水平，达到高效管理和节约成本的目的。

在数据应用方面利用了智能分析、智能学习、数据建模等多项新技术和新方法，对电梯安全分析和相关工作服务提供了先进的实际应用，也可以满足未来智能服务的需要。

第六篇 绿色交通

2017年，生态城编制了《综合交通体系规划》，坚持以公共交通为导向的发展模式（TOD,Transit Oriented Development），规划建设环保节能的交通设施，力争到2020年区内绿色出行比例达到90%，实现指标体系确定的建设目标。

一是加快推进公共交通体系建设，提高交通通行效率。全面建设以立体交通、绿色出行、慢行交通为代表的交通模式。目前，生态城内已有四条免费公交线路，且步行500m范围内设有公交站点，公共交通服务基础设施可达性较强。规划建设的轨道交通Z4线将贯穿南北，加强生态城对外交通联系。

二是优先建设慢行交通体系，实现与公共交通的有机结合。2015年，编制了"推广自行车绿色出行实施方案"，积极推进自行车交通系统建设，引导居民低碳绿色出行。充分利用完善的慢行系统，逐步构建"公交+自行车+步行"绿色出行体系，提高绿色交通的出行比例。

三是实施绿色交通管理模式，保障绿色交通有效实施。建立"生态细胞—生态社区—生态片区"的三级居住模式，在每个生态社区都规划建设一个"社区中心"，居民只需步行约15分钟，买菜、看病、娱乐、办事等多项生活需求都可以在社区中心解决。编制了绿色交通实施方案，较大规模地使用新能源公交车，探索应用公共交通BIM技术、公共交通智能管理系统、智能公交站系统等，初步构建了较为完善的绿色交通体系。

6.1 综合交通专项规划设计应用

6.1.1 应用背景

2013 年底生态城规划面积达到 150km²。在新的空间条件和上位规划条件下，为发展绿色交通、实现生态城可持续交通系统发展、支撑生态城总体规划中提出的"国际生态城市创新区、国家绿色发展示范区、京津冀区域重要的旅游集聚区、宜居宜业的滨海智慧新城"城市发展定位、更科学地指导开发建设，需要开展综合交通体系规划研究。

6.1.2 技术简介

综合交通专项规划坚持可持续发展思想，推行绿色交通理念，采取 TOD 发展策略，遵循区域发展一体化理念，打造生态城特色的综合交通专项规划。综合交通专项规划设计主要内容包括现状分析与综合交通规划实施评估、综合交通模型与需求分析、综合交通发展战略、城市道路系统规划、公共交通系统规划与 TOD 发展策略研究、步行和自行车交通系统规划、停车设施规划、近期建设规划及实施保障措施、货运交通规划和交通管理规划等（图 6.1、图 6.2）。

6.1.3 生态城的应用情况

为了实现"公交覆盖率达 100%，绿色出行比例达 90%"的规划目标，围绕综合交通专项规划，生态城现阶段总共开通了 4 条新能源公交线。4 条新能源公交线配置纯电动公交车和气电混合动力公交车，全长 66.4km，共设 53 个站点。4 条公交线路免费开放，大大减少了生态城居民私家车出行，提高了居民选择绿色出行的比例（图 6.3、图 6.4）。

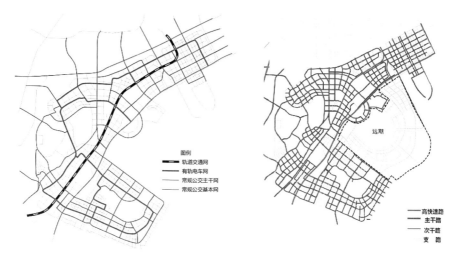

图 6.1　公共交通规划系统图　　　　　　　　　图 6.2　公共交通规划系统图

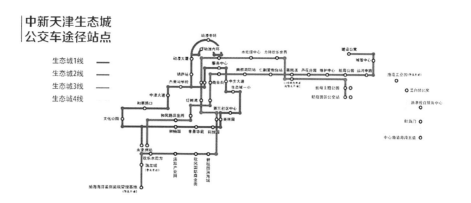

图 6.3　生态城免费公交线路

图 6.4　生态城免费公交

6.1.4 应用效果

生态城以国际生态城市创新区和国家绿色发展示范区为目标进行高标准的建设和发展，目前已初具绿色生态城市雏形，形成了宜居、宜业、富有旅游吸引力的生态城区。随着生态城居住人口的不断增长和机动化水平的发展，未来生态城的交通总量规模将有大幅度增长，交通体系面临巨大挑战。交通运输体系是支撑城市发展的重要基础要素，为引导绿色生态的交通模式、有效支撑生态城市发展目标，需要规划和建设高效和可持续的综合交通体系。这就需要从道路交通、公共交通、对外交通、慢行交通、静态交通、货运交通等各个方面共同采取有计划的措施，形成合力，提高整体交通服务水平，促进绿色生态城市目标的实现。

6.1.5 应用前景

生态城在交通规划中倡导以绿色交通系统为主导的交通发展模式，规划采用大运量的快速公交走廊，形成以清洁能源公交为主体的公共交通系统，建成覆盖全城的慢行交通网络，80% 的各类出行可在 3km 范围内完成。核心目标是在资源约束条件下寻求城市的繁荣与发展，体现健全发展功能，集约紧凑发展，提高资源利用效率。在交通拥堵、环境污染、能源紧缺等多重挑战下，综合交通规划是时代发展的必然要求。

6.2 公共交通 BIM 技术应用

6.2.1 应用背景

我国城市发展面临着人口增长过快、环境污染、资源匮乏等问题，实现高效交通和运输的同时，减少对环境的破坏和影响，是目前乃至未来我国城市发展过程面临的巨大挑战。公共交通技术是城市公交系统乃至城市交通系统改善的实质和关键。配合城市交通可持续发展，构建绿色、和谐的交通体系，优先发展公共交通系统是解决城市交通问题的重要途径。

6.2.2 技术简介

从系统规划、建设和管理的角度，城市公共交通系统可分为公共交通工具（车辆）、线路网、场站及公共交通运营管理系统等主要组成部分。公共交通技术包括轨道交通技术、智能交通技术等。我国对于计算机辅助公交管理等方面的研究和实践已经进行了较长时间，有些系统在技术和管理上都有一定的突破。如北京、广州、上海、杭州、青岛等城市公共交通公司都在开发使用智能交通技术系统。较为成熟的技术系统有巴士快速交通系统、公交汽车车载智能系统、电车智能调度系统等。

BIM（Building Information Modeling，建筑信息化模型）技术能够将公共交通工程项目在全生命期中各个不同阶段的工程信息、过程和资源集成在一个模型中，方便工程各参与方使用。通过三维数字技术模拟建筑物所具有的真实信息，为工程设计和施工提供相互协调、内部一致的信息模型，使该模型达到设计施工的一体化、各专业协同工作，从而降低工程生产成本，保障工程按时按质完成。

6.2.3 应用情况

生态城规划建设中，提供了系统完善的公共交通体系，包括轨道交通、有轨电车、清洁能源的常规公交等多种公共交通工具组成的高效、完整的公交网络。生态城已完成公共交通智能化管理系统建设，初步实现计划编制管理、系统资源管理、报表统计、公交监控调度、客户移动端查询等功能集成建设，有效提升了生态城公共交通管理服务水平（图6.5）。

在Z4线规划设计时，对项目实施的BIM技术标准进行了深化和修订，共完成了9本相关的实施标准，包括《BIM应用实施标准》《施工单位BIM技术

图 6.5 Z4 线生态城区间规划

应用实施标准》《车站管线综合实施标准》等（图 6.6）。

　　Z4 线将在方案设计、施工图设计、施工管理、运维管理等阶段采用 BIM 技术，形成与建设规模相适应的精细化、可视化、智能化的 BIM 技术应用方案，满足各参与方自施工图设计（包括勘察）至数字化移交全过程项目管理的应用需求，更好地开展项目管理，达到项目设定的质量、工期等各项管理目标。各方通过 BIM 技术的应用和管理，在虚拟平台中形成一条精益化的管理模式，实现信息的充分共享和无缝管理。

　　通过 BIM 模型，可以身临其境地进行各种方案的体验、论证和优化，对重要施工环节或新工艺的关键部位的施工过程进行模拟和分析，更直观地了解整个施工环节的时间节点和工序，并清晰把握施工过程中的难点和要点，不断优化方案，从而提高施工方案的安全性和可行性（图 6.7）。

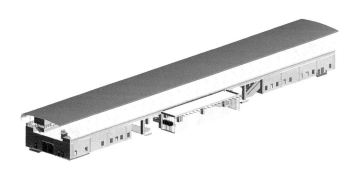

（a）整体效果图

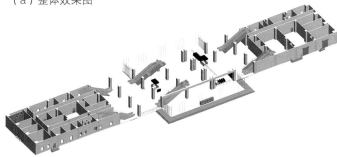

（b）内部效果图

图 6.6　Z4 线中心渔港站 BIM 模型

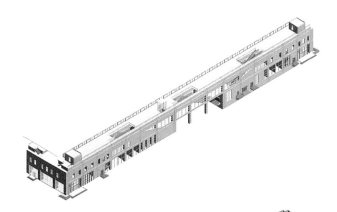

（a）整体效果图

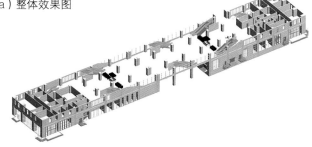

（b）内部效果图

图 6.7　Z4 线玉砂道站 BIM 模型

6.2.4 应用效果

生态城全面建设以立体交通、绿色出行、慢行交通为代表的交通模式。公共交通服务基础设施可达性较强，轨道交通 Z4 线加强了生态城对外交通联系。

生态城内共有四条免费公共交通线路，居民在上下班、上下学通勤时，基本以步行、自行车、电动自行车、私家车、单位班车和公共交通为出行方式，没有采用摩托车和出租车的出行。采用私家车通勤占 36.40%，而采用绿色出行方式通勤为 64.11%，其中采用公交出行的比例为 25.40%。有效缓解了城市交通拥挤，解决了城市交通问题，创造了更大的社会和经济效益。

6.2.5 应用前景

公共交通技术应用前景广阔，可在公交网络分配、公交调度等关键理论研究的指导下，利用系统工程的理论和方法，将现代通信、信息、电子、控制、计算机、网络、GPS、GIS 等新技术集成应用于公共交通系统，通过构建现代化的信息管理系统和控制调度模式，实现公共交通调度、运营、管理的信息化、现代化和智能化，为出行者提供更加安全、舒适、便捷的公共交通服务。

BIM 技术已经应用在很多方面，有利于实现建筑业成功转型，利用三维模型可以实现碰撞检查，在前期勘察设计阶段就能发现问题，有利于业主控制施工成本，未来在公共交通领域的应用前景广泛。

6.3 公共交通智能管理系统在交通运营中的应用

6.3.1 应用背景

智能公共交通系统的研究已经进入了综合管理的时代，强调 APTS

（Automatic Picture Transmission System，自动图像传输系统）的信息采集、处理、集成和输出的服务。我国主要通过先进的电子、通信技术提高公交效率和服务水平，智能公交系统已广泛应用于城市公交。

目前天津市公交车已使用车辆调度系统，为运营提供统一的管理调度、车辆定位及车内视频监控，启动了智能调度系统二期工程建设，在天津市及滨海新区都使用了智能调度系统。

6.3.2 技术简介

生态城公交智能调度系统利用GPS全球卫星定位技术、无线通信技术［包括GPRS（General Packet Radio Service，通用分组无线服务）和CDMA（Code Division Multiple Access，码分多址）等］、GIS（Geographic Information Systems）地理信息系统技术、计算机网络和数据库技术、互联网技术。系统集成包括智能公交系统、站台视频监控系统、站台数字广播系统、场站监控调度系统、场站考勤系统（图6.8）。

图6.8 生态城公共交通管理系统界面

生态城结合自身实际运营情况，将公交车系统整合到公共交通智能管理系统中，既保留了公交车系统原有功能，又按照公司运营实际情况，增添了数据统计和分析，公交站台、生态城各个路口实时视频监控，以及多个平台提供统一地图服务的 GIS 服务等功能。在运营上实现对区域内公交车进行统一管理和调度，提供公交车的定位、线路跟踪、到站预测、油耗管理等功能，以及公交线路的调配和服务能力。管理上实现场站人员集中管理、车辆集中停放、计划统一编制、调度统一指挥，人力、运力资源在更大的范围内的动态优化和配置，降低公交运营成本，提高调度应变能力和乘客服务水平。

6.3.3 应用情况

生态城在客流量较大的公交站台上安装了数字广播、视频监控，在每辆公交车上安装了 GPS 定位系统，自动语音报站、客流采集、公交视频监控等基础数据采集装置，将采集到的数据储存在数据服务器上，为公共交通智能管理系统提供基础数据支持（图 6.9）。

交通公司中心调度员与场站调度员，利用生态城公共交通智能管理系统平台，实现对覆盖生态城的公交车的实时监控、实时调度以及站台的实时监控与信息推送（图 6.10）。

6.3.4 应用效果

智能公交系统实现车辆调度部分自动生成车辆发车计划与配车排班，提高了工作效率，降低了运营成本，根据车内实时视频监控与站台实时监控，实现运营动态实时监控。依靠车载客流采集装置，掌握客流动向，根据客流统计分析，为线路优化提供数据支持，保障线路优化的科学性，提高车辆使用率，降低运营成本。生态城交通手机 APP 实现乘客足不出户，实时了解生态城各线路信息、车辆位置、报站等信息，为居民的乘车提供便利。

图 6.9 生态城公交交通系统实时监控界面

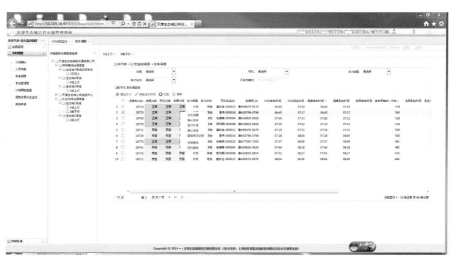

图 6.10 生态城公交交通系统实时调度界面

6.3.5 应用前景

生态城借鉴国际先进的公共交通智能管理系统，并依据实际情况，建立了采集、分析、集成、输出公交车数据的公共交通智能管理系统。

信息化时代的到来为多渠道、全方位采集数据提供了便利。通过采集可靠、完善的公交动态数据信息，为公交运营管理、行业监管和公众服务夯实基础；为公交企业传统调度模式的创新转型，部署智能化调度应用，大幅度提高公交企业的运营效率，优化运力资源配置，降低运营成本，提高运行可靠性，提升服务品质，提供数据支持。根据时代发展不断丰富信息化产品，如一键报警、人脸识别等安全装置，实现数据的交互，不断完善车辆、站台动态监控系统，及时发现安全隐患，上报安全隐患，为车辆运营安全提供保障。

生态城公共交通智能管理系统根据国家安全协议，统一进行开发，并预留了数据接口，可根据业务拓展进行补充，有利于统一调度、统一管理，提高工作效率，降低运营成本。

6.4 智能公交站系统在交通运营中的应用

6.4.1 应用背景

在智能电子站牌系统研究方面，美国、日本、英国、韩国等国家在国际上处于领先地位，并已取得了显著的成果。北京、上海、杭州等一、二线城市都在发展智能公交站牌，但多数城市的公交电子站牌功能结构较为简单，只显示车辆到站信息。

目前生态城实现了智能公交站系统在交通运营中的应用，完成了智能电子站牌的建设并投入使用，乘客在公交站台可实时掌握待乘车辆的位置。

6.4.2 技术简介

生态城智能公交站系统主要技术有 GPS 全球卫星定位技术、无线通信技术（包括 GPRS 和 CDMA）、GIS、计算机网络和数据库技术、互联网技术。

主要原理是将车载终端实时采集的 GPS 数据，上传并存储到交通公司通信服务器。按照公交站台、车辆定位、公交线路等不同信息，经过后台处理后，在电子站牌上实时显示车辆位置信息。

主要功能包括:

1)站名显示区,即主要介绍本站的站名及该线路基本信息。

2)LED(Light Emitting Diode,发光二极管)显示区,用来实时显示车辆的运行位置状态,当车辆即将进站时车辆显示变为红色,同时进行语音提示。如某线路最近车辆的位置,方便站台候车的乘客实时掌握车辆动态。

3)LCD(Liquid Crystal Display,液晶显示)显示区,该区主要显示视频、图片、文字等多种形式的信息。如播放公益性质的宣传片、活动通知、海报、文字,既可以提高公交企业服务水平,又可以提升城市形象,为候车的乘客提供丰富的节目。必要的时候还可以及时发布路况信息及紧急通知等信息。

4)线路信息导引区,即显示经过本站的各条线路的信息情况。

5)电子站牌的实时监控功能,可以作为交通监控摄像头,对公交车的日常营运情况、车辆进站秩序和驾驶员行车作风进行实时监控。

6)电子站牌带有语音扬声器,该电子站牌会在公交车进站前进行语音报站,既可对候车乘客进行提醒,也可为盲人乘客提供语音导航。

7)电子站牌后台远程调控,通过电子站牌平台系统,实现电子站牌开启、关闭的自动控制及播放内容的实时更新、远程监控。

6.4.3 应用情况

电子站牌的大规模使用依赖于公交车载 GPS 卫星定位系统。交通公司在每台公交车上都安装了 GPS 定位设备,每 5s 上传一次定位数据,保证公交车位置信息的实时性、准确性。电子站牌使用光缆进行数据通信,实现与控制台的数据通信(图 6.11)。

生态城克服了电子站牌建设过程中因为车辆 GPS 数据、网络通信、电力供给等方面的困难,成功在生态城 1 号线、2 号线、3 号线、4 号线公交站台上安装电子站牌并投入使用。同时将车辆实时定位数据分享给生态城经济局,实现公交数据的共享。建成使用 3 年以来,电子站牌充分发挥了信息时代数据接收、处理的优势,为乘客乘车带来了极大的便利,成为生态城智慧城市的名片。

图 6.11　生态城智能公交站

6.4.4 应用效果

　　智能电子站牌为候车乘客提供车辆实时位置信息，为乘客的出行提供便利。电子站牌凭借广泛的分布以及实时监控功能，已经多次为公安办案提供视频帮助。同时利用更多的 LCD 屏来配合生态城管委会在党建、文明城区创建、卫生城市创建等宣传活动中快速、集中发布各种宣传材料。电子屏幕显示减低了宣传费用，提高了宣传效率。

6.4.5 应用前景

　　随着国家倡导优先发展公共交通政策的逐渐深入，电子站牌代替传统静态公交站牌是大势所趋。电子站牌在提供更为丰富的公交信息的同时，可搭载更多的新闻、娱乐、公益等多媒体信息。电子站牌在追求实用、商业价值的同时，更加注重节能环保。在不远的将来，电子站牌在满足乘客对城市公共交通需求的同时，将成为城市的一道靓丽的风景线。

后 记

　　2017 年 7 月，在生态城开工建设 10 周年来临之际，全面汇集整理生态城为落实两国政府确定的指标体系要求，在生态修复、绿色建筑、绿色能源、海绵城市、智慧城市、绿色交通等领域创新实践所取得的科技成果，拟出版《科技引领下生态宜居城市建设实践——中新天津生态城科技成果应用汇编》一书。旨在通过这本书的编写，进一步加快生态城科技创新步伐、推动科技成果普及应用，并逐步对外复制推广，努力实现"三和三能"的建设目标要求。

　　随后，生态城管理委员会委派中新天津生态城环境局（科技局）牵头，组织成立编委会，成员单位包括中国建筑科学研究院天津分院、中新天津生态城管委会办公室、中新天津生态城建设局、中新天津生态城经济局、中新天津生态城城市管理局、中新天津生态城安全生产监督管理局、天津生态城投资开发有限公司、中新天津生态城投资开发有限公司、天津生态城能源投资建设有限公司、天津生态城市政景观有限公司、天津生态城建设投资有限公司、天津生态城公屋建设有限公司、天津生态城环保有限公司、天津生态城水务投资建设有限公司、天津生态城绿色交通有限公司、天津滨海旅游区基础设施建设有限公司、天津生态城绿色建筑研究院有限公司、北科泰达投资发展有限公司、中福天河智慧养老产业运营管理（天津）有限公司、华慧通达（天津）科技有限责任公司天津傲飞物联科技有限公司。

　　各单位迅速展开编写工作，整个编写工作历经章节确定、初稿撰写、合成统稿、修改校订、最终审定五个阶段，历时 1 年有余。期间，管委会领导多次召开编写工作专题会议，明确撰写要求、责任分工、内容深度、进度要求、编写质量等。编写组精心策划编写提纲，广收博采科技应用成果，反复推敲文字表达，不断提升文稿质量，做到图文并茂，展示生态城特色。

　　在编写过程中，感谢生态城管理委员会相关部门提供了诸多宝贵的建议，并为本书提供了丰富的图片；中国建筑工业出版社对本书出版给予了大力支持，在此一并致谢。

囿于编者水平有限，错漏之处在所难免，敬请提出宝贵意见。

十年来，生态城已发生翻天覆地的变化，但这不是终点。生态城的开发建设仍在进行中，在未来将开发、应用更多的新技术，竭力打造全国乃至世界宜居城区的典范。

2018 年 7 月